# 混凝土结构设计
# 常用公式与数据速查手册

贺东青　编著

中国建筑工业出版社

图书在版编目（CIP）数据

混凝土结构设计常用公式与数据速查手册/贺东青编
著. —北京：中国建筑工业出版社，2020.1
ISBN 978-7-112-24714-1

Ⅰ.①混⋯ Ⅱ.①贺⋯ Ⅲ.①混凝土结构-结构设
计-技术手册 Ⅳ.①TU370.4-62

中国版本图书馆 CIP 数据核字（2020）第 022096 号

本书依据国家现行《混凝土结构设计规范》（2015 年版）GB 50010—2010 等标准
规范编写。全书共 6 章，包括承载能力极限状态计算、正常使用极限状态验算、预应
力混凝土结构构件、混凝土结构构件抗震设计、规范中附录计算以及混凝土结构设计
常用数据等。本书是基于对规范的梳理归纳，内容简洁明了，条理清晰，概念性内容
少。运用此书，能实现混凝土结构设计计算的速查。

本书可作为从业人员设计计算混凝土结构的速查手册和结构工程师执业资格考试
辅导书，亦可作为高校土木工程专业学生完成混凝土结构课程设计和毕业设计的指导
用书。

责任编辑：牛　松　李笑然
责任设计：李志立
责任校对：李美娜

## 混凝土结构设计常用公式与数据速查手册
### 贺东青　编著

\*

中国建筑工业出版社出版、发行（北京海淀三里河路 9 号）

各地新华书店、建筑书店经销

北京红光制版公司制版

北京建筑工业印刷厂印刷

\*

开本：787×960 毫米　1/16　印张：7½　字数：146 千字

2019 年 12 月第一版　　2019 年 12 月第一次印刷

定价：26.00 元

ISBN 978-7-112-24714-1

（35212）

# 前　言

随着混凝土结构在土木工程中越来越广泛的应用，我国在混凝土结构方面的科学研究也取得了较丰硕的成果，这些成果大都在现行规范中得到了体现，为帮助从业人员更快速有效地运用规范，提高工作效率，我们组织编写了本书。

本书依据现行国家标准《混凝土结构设计规范》（2015 年版）GB 50010—2010 等标准规范编写，内容是对关于混凝土结构现行标准、规范以及规程的整理归纳，系统、全面地囊括混凝土结构常用计算公式与数据，概念性内容少，使设计计算时能达到速查的目的。

本书共分为 6 章，包括承载能力极限状态计算、正常使用极限状态验算、预应力混凝土结构构件、混凝土结构构件抗震设计、规范中附录计算以及混凝土结构设计常用数据等。本书除了便于结构设计人员在设计工作中实现快速设计计算外，亦可供高校土木工程专业学生学习使用，解决他们由于对现行规范的熟悉程度不够，在结构或构件设计过程中计算公式、公式适用条件或计算参数选取不当的问题，帮助他们快速顺利完成混凝土结构课程设计和毕业设计，同时亦可满足从业人员在结构工程师执业资格考试中对计算公式和相关数据的速查需求。

本书在编写过程中得到了河南大学、中国建筑工业出版社的领导及有关编辑的大力支持和帮助，在此表示深深的敬意和感谢，同时也非常感谢赵艳艳同学的辛勤付出。

由于编者的水平和经验有限，书中难免存在疏漏或不妥之处，恳请广大读者批评指正。

# 目　　录

# 1 承载能力极限状态计算

## 1.1 正截面承载力计算

### 1.1.1 正截面受弯承载力计算

（1）矩形截面或翼缘位于受拉边的倒 T 形截面受弯构件的正截面受弯承载力计算（图 1.1.1）：

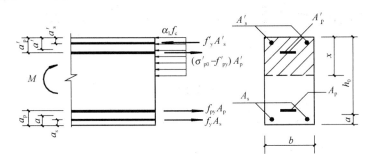

图 1.1.1 矩形截面受弯构件正截面受弯承载力计算

$$
\left\{
\begin{array}{ll}
M \leqslant \alpha_1 f_{\mathrm{c}} b x \left(h_0 - \dfrac{x}{2}\right) + f_{\mathrm{y}}' A_{\mathrm{s}}' (h_0 - a_{\mathrm{s}}') - (\sigma_{\mathrm{p0}}' - f_{\mathrm{py}}') A_{\mathrm{p}}'(h_0 - a_{\mathrm{p}}') & (1.1.1) \\
\alpha_1 f_{\mathrm{c}} b x = f_{\mathrm{y}} A_{\mathrm{s}} - f_{\mathrm{y}}' A_{\mathrm{s}}' + f_{\mathrm{py}} A_{\mathrm{p}} + (\sigma_{\mathrm{p0}}' - f_{\mathrm{py}}') A_{\mathrm{p}}' & (1.1.2) \\
x \leqslant \xi_{\mathrm{b}} h_0 & (1.1.3) \\
x \geqslant 2a' & (1.1.4)
\end{array}
\right.
$$

式中：$M$ ——弯矩设计值；

$\alpha_1$ ——系数，当混凝土强度等级不超过 C50 时，$\alpha_1$ 取为 1.0，当混凝土强度等级为 C80 时，$\alpha_1$ 取为 0.94，其间按线性内插法确定；

$f_{\mathrm{c}}$ ——混凝土轴心抗压强度设计值；

$A_{\mathrm{s}}$、$A_{\mathrm{s}}'$ ——受拉区、受压区纵向普通钢筋的截面面积；

$A_{\mathrm{p}}$、$A_{\mathrm{p}}'$ ——受拉区、受压区纵向预应力钢筋的截面面积；

$\sigma_{\mathrm{p0}}'$ ——受压区纵向预应力筋合力点处混凝土法向应力等于零时的预应力筋应力；

$b$ ——矩形截面的宽度或倒 T 形截面的腹板宽度；

$h_0$ ——截面有效高度；

$a'_s$、$a'_p$——受压区纵向普通钢筋合力点、预应力筋合力点至截面受压边缘的距离；

$a'$——受压区全部纵向钢筋合力点至截面受压区边缘的距离，当受压区未配置纵向预应力筋或受压区纵向预应力筋应力（$\sigma'_{p0}-f'_{py}$）为拉应力时，公式 $x \geqslant 2a'$ 中的 $a'$ 用 $a'_s$ 代替。

（2）翼缘位于受压区的 T 形、I 形截面受弯构件的正截面受弯承载力计算（图 1.1.2）：

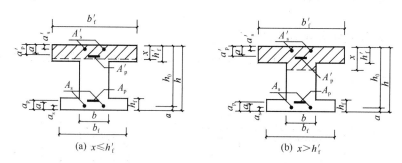

(a) $x \leqslant h'_f$    (b) $x > h'_f$

图 1.1.2 I 形截面受弯构件受压区高度位置

$$f_y A_s + f_{py} A_p \leqslant \alpha_1 f_c b'_f h'_f + f'_y A'_s - (\sigma'_{p0} - f'_{py}) A'_p \tag{1.1.5}$$

$$M \leqslant \alpha_1 f_c b'_f x \left(h_0 - \frac{x}{2}\right) + f'_y A'_s (h_0 - a'_s)$$
$$- (\sigma'_{p0} - f'_{py}) A'_p (h_0 - a'_p) \tag{1.1.6}$$

$$x \leqslant \xi_b h_0$$

$$x \geqslant 2a'$$

$$f_y A_s + f_{py} A_p > \alpha_1 f_c b'_f h'_f + f'_y A'_s - (\sigma'_{p0} - f'_{py}) A'_p \tag{1.1.7}$$

$$M \leqslant \alpha_1 f_c bx \left(h_0 - \frac{x}{2}\right) + \alpha_1 f_c (b'_f - b) h'_f \left(h_0 - \frac{h'_f}{2}\right)$$
$$+ f'_y A'_s (h_0 - a'_s) - (\sigma'_{p0} - f'_{py}) A'_p (h_0 - a'_p) \tag{1.1.8}$$

$$\alpha_1 f_c [bx + (b'_f - b) h'_f] = f_y A_s - f'_y A'_s + f_{py} A_p + (\sigma'_{p0} - f'_{py}) A'_p \tag{1.1.9}$$

式中：$h'_f$——T 形、I 形截面受压区的翼缘高度；

$b'_f$——T 形、I 形截面受压区的翼缘计算宽度，按表 1.1.1 规定确定。

受弯构件受压区有效翼缘计算宽度 $b'_f$　　　　　　表 1.1.1

| | 情况 | T 形、I 形截面 | | 倒 L 形截面 |
| --- | --- | --- | --- | --- |
| | | 肋形梁（板） | 独立梁 | 肋形梁（板） |
| 1 | 按计算跨度 $l_0$ 考虑 | $l_0/3$ | $l_0/3$ | $l_0/6$ |
| 2 | 按梁（肋）净矩 $s_n$ 考虑 | $b+s_n$ | — | $b+s_n/2$ |

续表

| 情况 | | T形、I形截面 | | 倒L形截面 |
| --- | --- | --- | --- | --- |
| | | 肋形梁（板） | 独立梁 | 肋形梁（板） |
| 3　按翼缘高度 $h'_f$ 考虑 | $h'_f/h_0 \geqslant 0.1$ | — | $b+12h'_f$ | — |
| | $0.1 > h'_f/h_0 \geqslant 0.05$ | $b+12h'_f$ | $b+6h'_f$ | $b+5h'_f$ |
| | $h'_f/h_0 < 0.05$ | $b+12h'_f$ | $b$ | $b+5h'_f$ |

注：1. 梁受压区有效翼缘计算宽度 $h'_f$ 可按表1.1.1所列情况中的最小值取用；

2. 表中 $b$ 为梁的腹板厚度；

3. 肋形梁在梁跨内设有间距小于纵肋间距的横肋时，可不考虑表中情况3的规定；

4. 加腋的 T形、I形和倒 L形截面，当受压区加腋的高度 $h_h$ 不小于 $h'_f$ 且加腋的长度 $b_h$ 不大于 $3h_h$ 时，其翼缘计算宽度可按表中情况3的规定分别增加 $2b_h$（T形、I形截面）和 $b_h$（倒 L形截面）；

5. 独立梁受压区的翼缘板在荷载作用下经验算沿纵肋方向可能产生裂缝时，其计算宽度应取腹板宽度 $b$。

## 1.1.2　正截面受压承载力计算

（1）钢筋混凝土轴心受压构件，当配置的箍筋符合规范规定时，其正截面受压承载力计算（图1.1.3）：

$$N \leqslant 0.9\varphi(f_c A + f'_y A'_s) \tag{1.1.10}$$

式中：$N$ ——轴向压力设计值；

$\varphi$ ——混凝土构件的稳定系数，按表1.1.2采用；

$f_c$ ——混凝土轴心抗压强度设计值；

$A$ ——构件截面面积；

$A'_s$ ——全部纵向普通钢筋的截面面积，当纵向普通钢筋的配筋率大于3%时，$A$ 应改为（$A-A'_s$）代替。

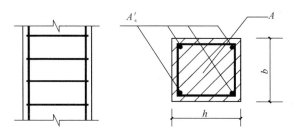

图1.1.3　配置箍筋的钢筋混凝土轴心受压构件

钢筋混凝土轴心受压构件的稳定系数　　　　表 1.1.2

| $l_0/b$ | ≤8 | 10 | 12 | 14 | 16 | 18 | 20 | 22 | 24 | 26 | 28 |
|---|---|---|---|---|---|---|---|---|---|---|---|
| $l_0/d$ | ≤7 | 8.5 | 10.5 | 12 | 14 | 15.5 | 17 | 19 | 21 | 22.5 | 24 |
| $l_0/i$ | ≤28 | 35 | 42 | 48 | 55 | 62 | 69 | 76 | 83 | 90 | 97 |
| $\varphi$ | 1.00 | 0.98 | 0.95 | 0.92 | 0.87 | 0.81 | 0.75 | 0.70 | 0.65 | 0.60 | 0.56 |
| $l_0/b$ | 30 | 32 | 34 | 36 | 38 | 40 | 42 | 44 | 46 | 48 | 50 |
| $l_0/d$ | 26 | 28 | 29.5 | 31 | 33 | 34.5 | 36.5 | 38 | 40 | 41.5 | 43 |
| $l_0/i$ | 104 | 111 | 118 | 125 | 132 | 139 | 146 | 153 | 160 | 167 | 174 |
| $\varphi$ | 0.52 | 0.48 | 0.44 | 0.40 | 0.36 | 0.32 | 0.29 | 0.26 | 0.23 | 0.21 | 0.19 |

注：1. $l_0$ 为构件的计算长度，对钢筋混凝土柱可按表 1.1.3 取用；

　　2. $b$ 为矩形截面的短边尺寸，$d$ 为圆形截面的直径，$i$ 为截面的最小回转半径。

刚性屋盖单层排架柱、露天吊车柱和栈桥柱的计算长度　　表 1.1.3

| 柱的类别 | | $l_0$ | | |
|---|---|---|---|---|
| | | 排架方向 | 垂直排架方向 | |
| | | | 有柱间支撑 | 无柱间支撑 |
| 无吊车房屋柱 | 单跨 | 1.5H | 1.0H | 1.2H |
| | 两跨及多跨 | 1.25H | 1.0H | 1.2H |
| 有吊车房屋柱 | 上柱 | $2.0H_u$ | $1.25H_u$ | $1.5H_u$ |
| | 下柱 | $1.0H_l$ | $0.8H_l$ | $1.0H_l$ |
| 露天吊车柱和栈桥柱 | | $2.0H_l$ | $1.0H_l$ | — |

注：1. 表中 $H$ 为从基础顶面算起的柱子全高；$H_l$ 为从基础顶面至装配式吊车梁底面或现浇式吊车梁顶面的柱子下部高度；$H_u$ 为从装配式吊车梁底面或从现浇式吊车梁顶面算起的柱子上部高度；

　　2. 表中有吊车房屋排架柱的计算长度，当计算中不考虑吊车荷载时，可按无吊车房屋柱的计算长度采用，但上柱的计算长度仍可按有吊车房屋采用；

　　3. 表中有吊车房屋排架柱的上柱在排架方向的计算长度，仅适用于 $H_u/H_l$ 不小于 0.3 的情况；当 $H_u/H_l$ 小于 0.3 时，计算长度宜采用 2.5 $H_u$。

（2）钢筋混凝土轴心受压构件，当配置的螺旋式或焊接环式间接钢筋符合规范要求，其正截面受压承载力计算（图 1.1.4）：

$$N \leq 0.9(f_c A_{cor} + f_y' A_s' + 2\alpha f_{yv} A_{sso}) \qquad (1.1.11)$$

$$A_{sso} = \frac{\pi d_{cor} A_{ssl}}{s} \qquad (1.1.12)$$

式中：$f_{yv}$ ——间接钢筋的抗拉强度设计值；

　　　$A_{cor}$ ——构件的核心截面面积，取间接钢筋内表面范围内的混凝土截面面积；

$A_{sso}$ ——螺旋式或焊接环式间接钢筋的换算截面面积；

$d_{cor}$ ——构件的核心截面直径，取间接钢筋内表面之间的距离；

$A_{ssl}$ ——螺旋式或焊接式单根间接钢筋的截面面积；

$s$ ——间接钢筋沿构件轴线方向的间距；

$\alpha$ ——间接钢筋对混凝土约束的折减系数：当混凝土强度等级不超过 C50 时，取 1.0，当混凝土强度等级为 C80 时，取 0.85，其间按线性内插法确定。

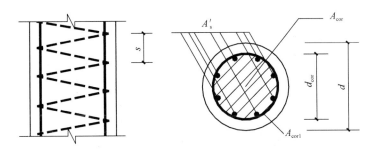

图 1.1.4 配置螺旋式间接钢筋的钢筋混凝土轴心受压构件

使用说明：1）按公式（1.1.11）算得的构件受压承载力设计值不应大于按按公式（1.1.10）算得的构件受压承载力设计值的 1.5 倍。

2）当遇到下列任意一种情况时，不应计入间接钢筋的影响，而应按（1.1.10）的规定进行计算：

① 当 $l_0/d > 12$ 时；

② 当按公式（1.1.11）算得的受压承载力小于按（1.1.10）算得的受压承载力时；

③ 当间接钢筋的换算截面面积 $A_{sso}$ 小于纵向普通钢筋的全部截面面积的 25% 时。

（3）矩形截面偏心受压构件正截面受压承载力计算（图 1.1.5）：

$$N < f_c bh \tag{1.1.13}$$

$$N \leqslant \alpha_1 f_c bx + f'_y A'_s - \sigma_s A_s - (\sigma'_{po} - f'_{py}) A'_p - \sigma_p A_p \tag{1.1.14}$$

$$Ne \leqslant \alpha_1 f_c bx \left( h_0 - \frac{x}{2} \right) + f'_y A'_s (h_0 - a'_s) - (\sigma'_{p0} - f'_{py}) A'_p (h_0 - a'_p) \tag{1.1.15}$$

$$e = e_i + \frac{h}{2} - a \tag{1.1.16}$$

$$e_i = e_0 + e_a \tag{1.1.17}$$

$$x \geqslant 2a'_s \tag{1.1.18}$$

式中：$e$ —— 轴向压力作用点至纵向受拉普通钢筋和受拉预应力筋的合力点的距离；

$\sigma_s$、$\sigma_p$ —— 受拉边或受压较小边的纵向普通钢筋、预应力筋的应力；

$e_i$ —— 初始偏心距；

$a$ —— 纵向受拉普通钢筋和受拉预应力筋的合力点至截面近边缘的距离；

$e_0$ —— 轴向压力对截面重心的偏心距，取为 $M/N$；

$e_a$ —— 附加偏心距，其值应取 20mm 和偏心方向截面最大尺寸的 1/30 两者中的较大值。

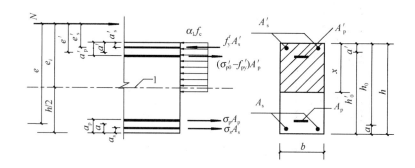

图 1.1.5 矩形截面偏心受压构件正截面受压承载力计算
1—截面重心轴

使用说明：钢筋的应力 $\sigma_s$、$\sigma_p$ 可按下列情况确定：

1）当 $\xi$ 不大于 $\xi_b$ 时为大偏心受压构件，取 $\sigma_s$ 为 $f_y$、$\sigma_p$ 为 $f_{py}$，此时，$\xi$ 为相对受压区高度，取为 $x/h_0$。

2）当 $\xi$ 大于 $\xi_b$ 时为小偏心受压构件，$\sigma_s$、$\sigma_p$ 可按下列规定进行计算：

① 纵向钢筋应力宜按下列公式计算：

普通钢筋
$$\sigma_{si} = E_s \varepsilon_{cu} \left( \frac{\beta_1 h_{0i}}{x} - 1 \right) \tag{1.1.19}$$

预应力筋
$$\sigma_{pi} = E_s \varepsilon_{cu} \left( \frac{\beta_1 h_{0i}}{x} - 1 \right) + \sigma_{p0i} \tag{1.1.20}$$

② 纵向钢筋应力也可按下列近似公式计算：

普通钢筋
$$\sigma_{si} = \frac{f_y}{\xi_b - \beta_1} \left( \frac{x}{h_{0i}} - \beta_1 \right) \tag{1.1.21}$$

预应力筋
$$\sigma_{pi} = \frac{f_{py} - \sigma_{p0i}}{\xi_b - \beta_1} \left( \frac{x}{h_{0i}} - \beta_1 \right) + \sigma_{p0i} \tag{1.1.22}$$

$$\left\{\begin{array}{l}
A'_s = A_s \qquad\qquad\qquad\qquad\qquad\qquad\qquad (1.1.23) \\[2mm]
A'_s = \dfrac{Ne - \xi(1 - 0.5\xi)\alpha_1 f_c b h_0^2}{f'_y(h_0 - a'_s)} \qquad\qquad (1.1.24) \\[4mm]
\xi = \dfrac{N - \xi_b \alpha_1 f_c b h_0}{\dfrac{Ne - 0.43\alpha_1 f_c b h_0^2}{(\beta_1 - \xi_b)(h_0 - a'_s)} + \alpha_1 f_c b h} + \xi_b \qquad (1.1.25) \\[6mm]
N < f_c bh \text{ 且 } x < 2a'_s \qquad\qquad\qquad (1.1.26) \\[2mm]
N \leqslant \alpha_1 f_c bx + f'_y A'_s - \sigma_s A_s - (\sigma'_{p0} - f'_{py})A'_p - \sigma_p A_p \quad (1.1.27) \\[2mm]
Ne \leqslant \alpha_1 f_c bx\left(h_0 - \dfrac{x}{2}\right) + f'_y A'_s(h_0 - a'_s) - (\sigma'_{p0} - f'_{py}) \\[2mm]
\qquad A'_p(h_0 - a'_p) \qquad\qquad\qquad\qquad (1.2.28) \\[2mm]
Ne'_s \leqslant f_{py}A_p(h - a_p - a'_s) + f_y A_s(h - a_s - a'_s) \\[2mm]
\qquad + (\sigma'_{p0} - f'_{py})A'_p(a'_p - a'_s) \qquad\qquad (1.1.29) \\[2mm]
e'_s = \dfrac{h}{2} - a'_s - (e_0 - e_a) \qquad\qquad\qquad (1.1.30)
\end{array}\right.$$

式中：$e'_s$——轴向压力作用点至受压区纵向普通钢筋合力点的距离。

$$\left\{\begin{array}{l}
N > f_c bh \qquad A'_s \neq A_s \text{ 且 } \xi > \xi_b \qquad (1.1.31) \\[2mm]
N \leqslant \alpha_1 f_c bx + f'_y A'_s - \sigma_s A_s - (\sigma'_{p0} - f'_{py})A'_p - \sigma_p A_p \quad (1.1.32) \\[2mm]
Ne \leqslant \alpha_1 f_c bx\left(h_0 - \dfrac{x}{2}\right) + f'_y A'_s(h_0 - a'_s) \\[2mm]
\qquad - (\sigma'_{p0} - f'_{py})A'_p(h_0 - a'_p) \qquad\qquad (1.1.33) \\[2mm]
Ne' \leqslant f_c bh\left(h'_0 - \dfrac{h}{2}\right) + f'_y A_s(h'_0 - a_s) \\[2mm]
\qquad - (\sigma_{p0} - f'_{py})A_p(h'_0 - a_p) \qquad\qquad (1.1.34) \\[2mm]
e' = \dfrac{h}{2} - a' - (e_0 - e_a) \qquad\qquad\qquad (1.1.35)
\end{array}\right.$$

式中：$e'$——轴向压力作用点至受压区纵向普通钢筋和预应力筋的合力点的距离；

　　　$h'_0$——纵向受压钢筋合力点至截面远边的距离。

（4）I形截面偏心受压构件，其正截面受压承载力计算：

1）当受压区高度 $x$ 不大于 $h'_f$ 时，应按宽度为受压翼缘计算宽度 $b'_f$ 的矩形截面计算。

2）当受压区高度 $x$ 大于 $h'_f$ 时，（图 1.1.6），应符合下列规定：

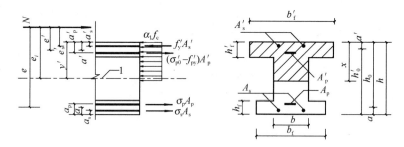

图 1.1.6　I形截面偏心受压构件正截面受压承载力计算

1—截面重心轴

$$x \leqslant h'_f \tag{1.1.36}$$

$$N \leqslant \alpha_1 f_c b'_f x + f'_y A'_s - \sigma_s A_s - (\sigma'_{p0} - f'_{py}) A'_p - \sigma_p A_p \tag{1.1.37}$$

$$Ne \leqslant \alpha_1 f_c b'_f x \left( h_0 - \frac{x}{2} \right) + f'_y A'_s (h_0 - a'_s)$$
$$- (\sigma'_{p0} - f'_{py}) A'_p (h_0 - a'_p) \tag{1.1.38}$$

$$x > h'_f \tag{1.1.39}$$

$$N \leqslant \alpha_1 f_c [bx + (b'_f - b) h'_f] + f'_y A'_s - \sigma_s A_s$$
$$- (\sigma'_{p0} - f'_{py}) A'_p - \sigma_p A_p \tag{1.1.40}$$

$$Ne \leqslant \alpha_1 f_c \left[ bx \left( h_0 - \frac{x}{2} \right) + (b'_f - b) h'_f \left( h_0 - \frac{h'_f}{2} \right) \right]$$
$$+ f'_y A'_s (h_0 - a'_s) - (\sigma'_{p0} - f'_{py}) A'_p (h_0 - a'_p) \tag{1.1.41}$$

$$x > h - h_f \tag{1.1.42}$$

$$N \leqslant \alpha_1 f_c [bx + (b'_f - b) h'_f + (b_f - b)(h_f + x - h)]$$
$$+ f'_y A'_s - \sigma_s A_s - (\sigma'_{p0} - f'_{py}) A'_p - \sigma_p A_p \tag{1.1.43}$$

$$Ne \leqslant \alpha_1 f_c \left[ bx \left( h_0 - \frac{x}{2} \right) + (b'_f - b) h'_f \left( h_0 - \frac{h'_f}{2} \right) \right.$$
$$+ (b_f - b)(h_f + x - h) \left( h_f - \frac{h_f + x - h}{2} - a_s \right) \right]$$
$$+ f'_y A'_s (h_0 - a'_s) - (\sigma'_{p0} - f'_{py}) A'_p (h_0 - a'_p) \tag{1.1.44}$$

$$x > x_b \tag{1.1.45}$$

$$N > f_c A \tag{1.1.46}$$

$$N \leqslant \alpha_1 f_c [bx + (b'_f - b) h'_f] + f'_y A'_s - \sigma_s A_s$$
$$- (\sigma'_{p0} - f'_{py}) A'_p - \sigma_p A_p \tag{1.1.47}$$

$$\begin{cases} Ne \leqslant \alpha_1 f_c \Big[ bx \Big( h_0 - \dfrac{x}{2} \Big) + (b'_f - b) h'_f \Big( h_0 - \dfrac{h'_f}{2} \Big) \Big] \\ \qquad + f'_y A'_s (h_0 - a'_s) - (\sigma'_{p0} - f'_{py}) A'_p (h_0 - a'_p) \qquad (1.1.48) \\ Ne' \leqslant f_c \Big[ bh \Big( h'_0 - \dfrac{h}{2} \Big) + (b_f - b) h_f \Big( h'_0 - \dfrac{h_f}{2} \Big) + (b'_f - b) h'_f \Big( \dfrac{h'_f}{2} - a' \Big) \Big] \\ \qquad + f'_y A_s (h'_0 - a_s) - (\sigma_{p0} - f'_{py}) A_p (h'_0 - a_p) \qquad (1.1.49) \\ e' = y' - a' - (e_0 - e_a) \qquad\qquad\qquad (1.1.50) \end{cases}$$

式中：$y'$ ——截面重心至离轴向压力较近一侧
受压边的距离，当截面对称时，
取 $h/2$。

使用说明：对仅在离轴向压力较近一侧有
翼缘的 T 形截面，可取 $b_f$ 为 $b$；对仅在轴向压
力较远一侧有翼缘的倒 T 形截面，可取 $b'_f$
为 $b$。

（5）沿截面腹部均匀配置纵向普通钢筋的
矩形、T 形或 I 形截面钢筋混凝土偏心受压构
件受压承载力计算（图 1.1.7）：

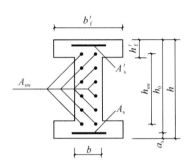

图 1.1.7　沿截面腹部
均匀配筋的 I 形截面

$$N \leqslant \alpha_1 f_c \big[ \xi b h_0 + (b'_f - b) h'_f \big] + f'_y A'_s - \sigma_s A_s + N_{sw} \qquad (1.1.51)$$

$$Ne \leqslant \alpha_1 f_c \Big[ \xi (1 - 0.5\xi) b h_0^2 + (b'_f - b) h'_f \Big( h_0 - \dfrac{h'_f}{2} \Big) \Big]$$
$$\qquad + f'_y A'_s (h_0 - a'_s) + M_{sw} \qquad (1.1.52)$$

$$N_{sw} = \Big( 1 + \dfrac{\xi - \beta_1}{0.5 \beta_1 \omega} \Big) f_{yw} A_{sw} \qquad (1.1.53)$$

$$M_{sw} = \Big[ 0.5 - \Big( \dfrac{\xi - \beta_1}{\beta_1 \omega} \Big)^2 \Big] f_{yw} A_{sw} h_{sw} \qquad (1.1.54)$$

式中：$A_{sw}$ ——沿截面腹部均匀配置的全部纵向普通钢筋截面面积；

$f_{yw}$ ——沿截面腹部均匀配置的纵向普通钢筋强度设计值；

$N_{sw}$ ——沿截面腹部均匀配置的纵向普通钢筋所承担的轴向压力，当 $\xi$ 大
于 $\beta_1$ 时，取为 $\beta_1$ 进行计算；

$M_{sw}$ ——沿截面腹部均匀配置的纵向普通钢筋的内力对 $A_s$ 重心的力矩，当
$\xi$ 大于 $\beta_1$ 时，取为 $\beta_1$ 进行计算；

$\omega$ ——均匀配置纵向普通钢筋区段的高度 $h_{sw}$ 与截面有效高度 $h_0$ 的比值
（$h_{sw}/h_0$），宜取 $h_{sw}$ 为（$h_0 - a'_s$）。

（6）对截面具有两个互相垂直的对称轴的钢筋混凝土双向偏心受压构件，其
正截面受压承载力计算（图 1.1.8）：

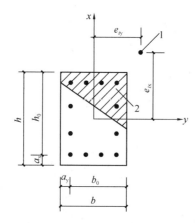

图 1.1.8 双向偏心受压构件截面
1—轴向压力作用点；2—受压区

$$\begin{cases} Ne_{iy} \leqslant \sum_{i=1}^{l} \sigma_{ci} A_{ci} y_{ci} - \sum_{j=1}^{m} \sigma_{sj} A_{sj} y_{sj} - \sum_{k=1}^{n} \sigma_{pk} A_{pk} y_{pk} & (1.1.55) \\ Ne_{ix} \leqslant \sum_{i=1}^{l} \sigma_{ci} A_{ci} x_{ci} - \sum_{j=1}^{m} \sigma_{sj} A_{sj} x_{sj} - \sum_{k=1}^{n} \sigma_{pk} A_{pk} x_{pk} & (1.1.56) \\ e_{iy} = e_{0y} + e_{ay} & (1.1.57) \\ e_{ix} = e_{0x} + e_{ax} & (1.1.58) \end{cases}$$

式中：$N$——轴向力设计值，当为压力时取正值，当为拉力时取负值；

$\sigma_{ci}$——第 $i$ 个混凝土单元的应力，受压时取正值，受拉时取应力 $\sigma_{ci} = 0$；序号 $i$ 为 1，2…，$l$，此处，$l$ 为混凝土单元数；

$x_{ci}$、$y_{ci}$——分别为第 $i$ 个混凝土单元重心到 $y$ 轴、$x$ 轴的距离，$x_{ci}$ 在 $y$ 轴右侧及 $y_{ci}$ 在 $x$ 轴上侧时取正值；

$\sigma_{sj}$——第 $j$ 个普通钢筋单元的应力，受拉时取为正值，应力 $\sigma_{sj}$ 应满足：

$$-f_y' \leqslant \sigma_{si} \leqslant f_y \qquad (1.1.59)$$

的条件；序号 $j$ 为 1，2…，$m$，此处，$m$ 为钢筋单元数；

$A_{sj}$——第 $j$ 个普通钢筋单元面积；

$x_{sj}$、$y_{sj}$——分别为第 $j$ 个普通钢筋单元重心到 $y$ 轴、$x$ 轴的距离，$x_{sj}$ 在 $y$ 轴右侧及 $y_{sj}$ 在 $x$ 轴上侧时取正值；

$\sigma_{pk}$——第 $k$ 个预应力筋单元的应力，受拉时取正值，应力 $\sigma_{pk}$ 应满足

$$\sigma_{p0i} - f_{py}' \leqslant \sigma_{pi} \leqslant f_{py} \qquad (1.1.60)$$

的条件，序号 $k$ 为 1，2…，$n$，此处，$n$ 为预应力筋单元数；

$A_{pk}$——第 $k$ 个预应力筋单元面积；

$x_{pk}$、$y_{pk}$——分别为第 $k$ 个普通钢筋单元重心到 $y$ 轴、$x$ 轴的距离，$x_{pk}$ 在 $y$ 轴右

侧及 $y_{pk}$ 在 $x$ 轴上侧时取正值；

$e_{ix}$、$e_{iy}$——初始偏心距；

$e_{0x}$、$e_{0y}$——轴向压力对通过截面重心的 $y$ 轴、$x$ 轴的偏心距，即 $M_{0x}/N$、$M_{0y}/N$；

$e_{ax}$、$e_{ay}$——$x$ 轴、$y$ 轴方向上的附加偏心距，轴向压力在偏心方向存在的附加偏心距，其值应取 20mm 和偏心方向截面最大尺寸的 1/30 两者中的较大值。

轴向力设计值按下列近似公式计算：

$$N \leqslant \cfrac{1}{\cfrac{1}{N_{ux}} + \cfrac{1}{N_{uy}} - \cfrac{1}{N_{u0}}} \tag{1.1.61}$$

式中：$N_{u0}$——构件的截面轴心受压承载力设计值；

　　　$N_{ux}$——轴向压力作用于 $x$ 轴并考虑相应的计算偏心距 $e_{ix}$ 后，按全部纵向普通钢筋计算的构件偏心受压承载力设计值；

　　　$N_{uy}$——轴向压力作用于 $y$ 轴并考虑相应的计算偏心距 $e_{iy}$ 后，按全部纵向普通钢筋计算的构件偏心受压承载力设计值。

使用说明：构件的截面轴心受压承载力设计值 $N_{u0}$，可按本章（1.1.10）公式计算，但应取等号，将 $N$ 以 $N_{u0}$ 代替，且不考虑稳定系数 $\varphi$ 及系数 0.9。

### 1.1.3 正截面受拉承载力计算

（1）轴心受拉构件的正截面受拉承载力计算：

$$N \leqslant f_{y}A_{s} + f_{py}A_{p} \tag{1.1.62}$$

式中：$N$——轴向拉力设计值；

$A_{s}$、$A_{p}$——纵向普通钢筋、预应力筋的全部截面面积。

（2）矩形截面偏心受拉构件的正截面受拉承载力计算：

$$\begin{cases} Ne' \leqslant f_{y}A_{s}(h_{0}' - a_{s}) + f_{py}A_{p}(h_{0}' - a_{p}) & (1.1.63) \\ Ne \leqslant f_{y}A_{s}'(h_{0} - a_{s}') + f_{py}A_{p}'(h_{0} - a_{p}') & (1.1.64) \end{cases}$$

使用说明：轴向拉力作用在钢筋 $A_{s}$ 与 $A_{p}$ 的合力点和 $A_{s}'$ 与 $A_{p}'$ 的合力点之间（图 1.1.9）。

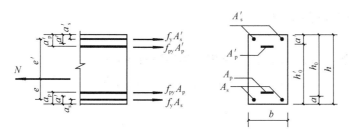

图 1.1.9 小偏心受拉构件

$$\begin{cases} 2a'_s \leqslant x \leqslant \xi_b h_0 & (1.1.65) \\ N \leqslant f_y A_s + f_{py} A_p - f'_y A'_s + (\sigma'_{p0} - f'_{py}) A'_p - \alpha_1 f_c bx & (1.1.66) \\ Ne \leqslant \alpha_1 f_c bx \left( h_0 - \dfrac{x}{2} \right) + f'_y A'_s (h_0 - a'_s) \\ \qquad - (\sigma'_{p0} - f'_{py}) A'_p (h_0 - a'_p) & (1.1.67) \end{cases}$$

使用说明：1）轴向拉力不作用在钢筋 $A_s$ 与 $A_p$ 的合力点和 $A'_s$ 与 $A'_p$ 的合力点之间（图 1.1.10）；

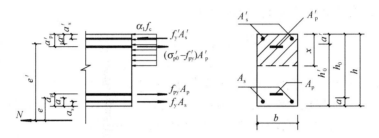

图 1.1.10 大偏心受拉构件

2）沿截面腹部均匀配置纵向普通钢筋的矩形、T 形或 I 形截面钢筋混凝土偏心受拉构件，其正截面受拉承载力计算；

3）对称配筋的矩形截面钢筋混凝土双向偏心受拉构件，其正截面受拉承载力计算：

$$N \leqslant \frac{1}{\dfrac{1}{N_{u0}} + \dfrac{e_0}{M_u}} \tag{1.1.68}$$

式中：$N_{u0}$ ——构件的轴心受拉承载力设计值；

　　　$e_0$ ——轴向拉力作用点至截面重心的距离；

　　　$M_u$ ——按通过轴向拉力作用点的弯矩平面计算的正截面受弯承载力设计值。

$$\frac{e_0}{M_u} = \sqrt{\left( \frac{e_{0x}}{M_{ux}} \right)^2 + \left( \frac{e_{0y}}{M_{uy}} \right)^2} \tag{1.1.69}$$

## 1.2 斜截面承载力计算

### 1.2.1 矩形、T 形和 I 形截面受弯构件的受剪计算：

（1）矩形、T 形和 I 形截面受弯构件的受剪截面应符合下列条件：

$$\begin{cases} h_w / b \leqslant 4 \\ V \leqslant 0.25 \beta_c f_c bh_0 \end{cases} \tag{1.2.1}$$

注：对 T 形或 I 形截面的简支受弯构件，当有实践经验时，公式中的系数可改用 0.3。

$$\begin{cases} h_{\mathrm{w}}/b \geqslant 6 \\ V \leqslant 0.2\beta_{\mathrm{c}} f_{\mathrm{c}} b h_0 \end{cases} \tag{1.2.2}$$

式中：$V$ ——构件斜截面上的最大剪力设计值；

　　　$\beta_{\mathrm{c}}$ ——混凝土强度影响系数：当混凝土强度等级不超过 C50 时，$\beta_{\mathrm{c}}$ 取 1.0；当混凝土强度等级为 C80 时，$\beta_{\mathrm{c}}$ 取 0.8；其间按线性内插法确定；

　　　$b$ ——矩形截面的宽度，T 形截面或 I 形截面的腹板宽度；

　　　$h_0$ ——截面的有效高度；

　　　$h_{\mathrm{w}}$ ——截面的腹板高度：矩形截面，取有效高度；T 形截面，取有效高度减去翼缘高度；I 形截面，取腹板净高。

使用说明：1）当 $4 < h_{\mathrm{w}}/b < 6$ 时，按线性内插法确定；

2）对受拉边倾斜的构件，当有实践经验时，其受剪截面的控制条件可适当放宽。

（2）不配置箍筋和弯起钢筋的一般板类受弯构件，其斜截面受剪承载力应符合下列规定：

$$V \leqslant 0.7\beta_{\mathrm{h}} f_{\mathrm{t}} b h_0 \tag{1.2.3}$$

$$\beta_{\mathrm{h}} = \left(\frac{800}{h_0}\right)^{1/4} \tag{1.2.4}$$

式中：$\beta_{\mathrm{h}}$ ——截面高度影响系数：当 $h_0$ 小于 800mm 时，取 800mm；当 $h_0$ 大于 2000mm 时，取 2000mm。

（3）当配置箍筋时，矩形、T 形和 I 形截面受弯构件的斜截面受剪承载力应符合下列规定：

$$V \leqslant V_{\mathrm{cs}} + V_{\mathrm{p}} \tag{1.2.5}$$

$$V_{\mathrm{cs}} = \alpha_{\mathrm{cv}} f_{\mathrm{t}} b h_0 + f_{\mathrm{yv}} \frac{A_{\mathrm{sv}}}{s} h_0 \tag{1.2.6}$$

$$V_{\mathrm{p}} = 0.05 N_{\mathrm{p0}} \tag{1.2.7}$$

式中：$V_{\mathrm{cs}}$ ——构件斜截面上混凝土和箍筋的受剪承载力设计值；

　　　$V_{\mathrm{p}}$ ——由预加力所提高的构件受剪承载力设计值；

　　　$\alpha_{\mathrm{cv}}$ ——斜截面混凝土受剪承载力系数，对于一般受弯构件取 0.7；对集中荷载作用下（包括作用有多种荷载，其中集中荷载对支座截面或节点边缘所产生的剪力值占总剪力的 75% 以上的情况）的独立梁，取 $\alpha_{\mathrm{cv}}$ 为 $\frac{1.75}{1+\lambda}$，$\lambda$ 为计算截面的剪跨比，可取 $\lambda$ 等于 $a/h_0$，当 $\lambda$ 小于 1.5 时，取 1.5，当 $\lambda$ 大于 3 时，取 3，$a$ 取集中荷载作用点至支座截面或节点边缘的距离。

　　　$A_{\mathrm{sv}}$ ——配置在同一截面内箍筋各肢的全部截面面积，即 $nA_{\mathrm{sv1}}$，此处，$n$

为在同一截面内箍筋的肢数，$A_{sv1}$ 为单肢箍筋的截面面积；

$s$ ——沿构件长度方向的箍筋间距；

$f_{yv}$ ——箍筋的抗拉强度设计值；

$N_{p0}$ ——计算截面上混凝土法向预应力等于零时的预加力，当 $N_{p0}$ 大于 $0.3f_cA_0$ 时，取 $0.3f_cA_0$，此处，$A_0$ 为构件的换算截面面积。

注：对预加力 $N_{p0}$ 引起的截面弯矩与外弯矩方向相同的情况，以及预应力混凝土连续梁和允许出现裂缝的预应力混凝土简支梁，均应取 $V_p$ 为 0。

（4）当配置箍筋和弯起钢筋时，矩形、T 形和 I 形截面受弯构件的斜截面受剪承载力应符合下列规定：

$$V \leqslant V_{cs} + V_p + 0.8f_yA_{sb}\sin\alpha_s + 0.8f_yA_{pb}\sin\alpha_p \tag{1.2.8}$$

式中：$V$ ——配置弯起钢筋处的剪力设计值；

$V_p$ ——由预加力所提高的构件受剪承载力设计值；

$A_{sb}$、$A_{pb}$ ——分别为同一平面内的弯起普通钢筋、弯起预应力筋的截面面积；

$\alpha_s$、$\alpha_p$ ——分别为斜截面上弯起普通钢筋、弯起预应力筋的切线与构件纵轴线的夹角。

（5）矩形、T 形和 I 形截面的一般受弯构件，当符合下式要求时，可不进行斜截面的受剪承载力计算：

$$V \leqslant \alpha_{cv}f_tbh_0 + 0.05N_{p0} \tag{1.2.9}$$

式中：$\alpha_{cv}$ ——截面混凝土受剪承载力系数，对于一般受弯构件取 0.7；对集中荷载作用下（包括作用有多种荷载，其中集中荷载对支座截面或节点边缘所产生的剪力值占总剪力的 75% 以上的情况）的独立梁，取 $\alpha_{cv}$ 为 $\dfrac{1.75}{1+\lambda}$，$\lambda$ 为计算截面的剪跨比，可取 $\lambda$ 等于 $a/h_0$，当 $\lambda$ 小于 1.5 时，取 1.5，当 $\lambda$ 大于 3 时，取 3，$a$ 取集中荷载作用点至支座截面或节点边缘的距离。

（6）受拉边倾斜的矩形、T 形和 I 形截面受弯构件，其斜截面受剪承载力应符合下列规定（图 1.2.1）

$$V \leqslant V_{cs} + V_{sp} + 0.8f_yA_{sb}\sin\alpha_s \tag{1.2.10}$$

$$V_{sp} = \frac{M - 0.8(\sum f_{yv}A_{sv}z_{sv} + \sum f_yA_{sb}z_{sb})}{z + c\tan\beta}\tan\beta \tag{1.2.11}$$

式中：$M$ ——构件斜截面受压区末端的弯矩设计值；

$V_{cs}$ ——构件斜截面上混凝土和箍筋的受剪承载力设计值；

$V_{sp}$ ——构件截面上受拉边倾斜的纵向非预应力和预应力受拉钢筋的合力设计值在垂直方向的投影：对钢筋混凝土受弯构件，其值不应大于 $f_yA_s\sin\beta$；对预应力混凝土受弯构件，其值不应大于（$f_{py}A_p +$

$f_y A_s) \sin\beta$，且不应小于 $\sigma_{pe} A_p \sin\beta$；

$z_{sv}$ ——同一截面内箍筋的合力至斜截面受压区合力点的距离；

$z_{sb}$ ——同一弯起平面内的弯起普通钢筋的合力至斜截面受压区合力点的距离；

$z$ ——斜截面受拉区始端处纵向受拉钢筋合力的水平分力至斜截面受压区合力点的距离，可近似取为 $0.9h_0$；

$\beta$ ——斜截面受拉区始端处倾斜的纵向受拉钢筋的倾角；

$c$ ——斜截面的水平投影长度，可近似取为 $h_0$。

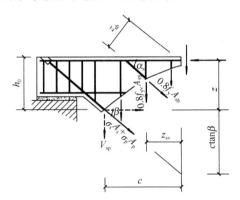

图 1.2.1 受拉边倾斜的受弯构件的
斜截面受剪承载力计算

（7）受弯构件斜截面的受弯承载力应符合下列规定：

$$M \leqslant (f_y A_s + f_{py} A_p)z + \sum f_y A_{sb} z_{sb} + \sum f_{py} A_{pb} z_{pb} + \sum f_{yv} A_{sv} z_{sv}$$

$$(1.2.12)$$

$$V = \sum f_y A_{sb} \sin\alpha_s + \sum f_{py} A_{pb} \sin\alpha_p + \sum f_{yv} A_{sv}$$ （1.2.13）

式中：$V$ ——斜截面受压区末端的剪力设计值；

$z$ ——纵向受拉普通钢筋和预应力筋的合力点至受压区合力点的距离，可近似取为 $0.9h_0$；

$z_{sb}$、$z_{pb}$ ——分别为同一弯起平面内的弯起普通钢筋、弯起预应力筋的合力点至斜截面受压区合力点的距离；

$z_{sv}$ ——同一斜截面上箍筋的合力点至斜截面受压区合力点的距离。

注：斜截面受弯承载力一般是通过对纵向钢筋和箍筋的构造要求来保证。

**1.2.2 矩形、T 形和 I 形截面的钢筋混凝土偏心受压构件和偏心受拉构件的受剪计算：**

（1）矩形、T 形和 I 形截面的钢筋混凝土偏心受压构件和偏心受拉构件，其受剪截面应符合下列条件：

$$\begin{cases} h_{\mathrm{w}}/b \leqslant 4 \\ V \leqslant 0.25\beta_{\mathrm{c}} f_{\mathrm{c}} b h_0 \end{cases} \quad (1.2.14)$$

注：对 T 形或 I 形截面的简支受弯构件，当有实践经验时，公式中的系数可改用 0.3。

$$\begin{cases} h_{\mathrm{w}}/b \geqslant 6 \\ V \leqslant 0.2\beta_{\mathrm{c}} f_{\mathrm{c}} b h_0 \end{cases} \quad (1.2.15)$$

式中：$V$ ——构件斜截面上的最大剪力设计值；

$\beta_{\mathrm{c}}$ ——混凝土强度影响系数：当混凝土强度等级不超过 C50 时，$\beta_{\mathrm{c}}$ 取 1.0；当混凝土强度等级为 C80 时，$\beta_{\mathrm{c}}$ 取 0.8；其间按线性内插法确定；

$b$ ——矩形截面的宽度，T 形截面或 I 形截面的腹板宽度；

$h_0$ ——截面的有效高度；

$h_{\mathrm{w}}$ ——截面的腹板高度：矩形截面，取有效高度；T 形截面，取有效高度减去翼缘高度；I 形截面，取腹板净高。

使用说明：1）当 $4 < h_{\mathrm{w}}/b < 6$ 时，按线性内插法确定；

2）对受拉边倾斜的构件，当有实践经验时，其受剪截面的控制条件可适当放宽。

（2）矩形、T 形和 I 形截面的钢筋混凝土偏心受压构件，其斜截面受剪承载力应符合下列规定：

$$V \leqslant \frac{1.75}{\lambda+1} f_{\mathrm{t}} b h_0 + f_{\mathrm{yv}} \frac{A_{\mathrm{sv}}}{s} h_0 + 0.07N \quad (1.2.16)$$

式中：$\lambda$ ——偏心受压构件计算截面的剪跨比，取为 $M/(Vh_0)$；

$N$ ——与剪力设计值 $V$ 相应的轴向压力设计值，当大于 $0.3f_{\mathrm{c}}A$ 时，取 $0.3f_{\mathrm{c}}A$，此处，$A$ 为构件的截面面积。

使用说明：计算截面的剪跨比 $\lambda$ 应按下列规定取用：

1）对框架结构中的框架柱，当其反弯点在层高范围内时，可取为 $H_{\mathrm{n}}/(2h_0)$。当 $\lambda$ 小于 1 时，取 1；当 $\lambda$ 大于 3 时，取 3。此处，$M$ 为计算截面上与剪力设计值 $V$ 相应的弯矩设计值，$H_{\mathrm{n}}$ 为柱净高。

2）其他偏心受压构件，当承受均布荷载时，取 1.5；当集中荷载作用下（包括作用有多种荷载，其中集中荷载对支座截面或节点边缘所产生的剪力值占总剪力的 75% 以上的情况），可取 $\lambda$ 等于 $a/h_0$，当 $\lambda$ 小于 1.5 时，取 1.5，当 $\lambda$ 大于 3 时，取 3。

（3）矩形、T 形和 I 形截面的钢筋混凝土偏心受压构件，当符合下列要求时，可不进行斜截面受剪承载力计算：

$$V \leqslant \frac{1.75}{\lambda+1} f_{\mathrm{t}} b h_0 + 0.07N \quad (1.2.17)$$

（4）矩形、T 形、I 形截面的钢筋混凝土偏心受拉构件，其斜截面受剪承载力计算：

$$V \leqslant \frac{1.75}{\lambda+1} f_t b h_0 + f_{yv} \frac{A_{sv}}{s} h_0 - 0.2N \qquad (1.2.18)$$

式中：$N$——与剪力设计值 $V$ 相应的轴向拉力设计值。

**1.2.3 矩形截面双向受剪的钢筋混凝土框架柱的受剪承载力计算：**

（1）矩形截面双向受剪的钢筋混凝土框架柱，其受剪截面应符合下列要求：

$$\begin{cases} V_x \leqslant 0.25\beta_c f_c b h_0 \cos\theta \\ V_y \leqslant 0.25\beta_c f_c h b_0 \sin\theta \end{cases} \qquad (1.2.19)$$

式中：$V_x$——$x$ 轴方向的剪力设计值，对应的截面有效高度为 $h_0$，截面宽度为 $b$；

$V_x$——$y$ 轴方向的剪力设计值，对应的截面有效高度为 $b_0$，截面宽度为 $h$；

$\theta$——斜向剪力设计值 $V$ 的作用方向与 $x$ 轴的夹角，$\theta = \arctan(V_y/V_x)$。

（2）矩形截面双向受剪的钢筋混凝土框架柱，其斜截面受剪承载力计算：

$$V_x \leqslant \frac{V_{ux}}{\sqrt{1+\left(\dfrac{V_{ux}\tan\theta}{V_{uy}}\right)^2}} \qquad (1.2.20)$$

$$V_{ux} \leqslant \frac{1.75}{\lambda_x+1} f_t b h_0 + f_{yv} \frac{A_{svx}}{s} h_0 + 0.07N \qquad (1.2.21)$$

$$V_y \leqslant \frac{V_{uy}}{\sqrt{1+\left(\dfrac{V_{uy}}{V_{ux}\tan\theta}\right)^2}} \qquad (1.2.22)$$

$$V_{uy} \leqslant \frac{1.75}{\lambda_y+1} f_t h b_0 + f_{yv} \frac{A_{svy}}{s} b_0 + 0.07N \qquad (1.2.23)$$

式中：$\lambda_x$、$\lambda_y$——分别为框架柱 $x$ 轴、$y$ 轴方向的计算剪跨比；

$A_{svx}$、$A_{svy}$——分别为配置在同一截面内平行于 $x$ 轴、$y$ 轴的箍筋各肢截面面积的总和；

$N$——与斜向剪力设计值 $V$ 相应的轴向压力设计值，当 $N$ 大于 $0.3f_cA$，取 $0.3f_cA$，此处，$A$ 为构件的截面面积。

注：1. 在计算箍筋时，可近似取 $V_{ux}/V_{uy}$ 等于 1 计算。

2. 矩形截面双向受剪的钢筋混凝土框架柱，当斜向剪力设计值 $V$ 的作用方向与 $x$ 轴的夹角在 $0°\sim10°$ 或 $80°\sim90°$ 时，可按单向受剪构件进行截面承载力计算。

**1.2.4 钢筋混凝土剪力墙的受剪计算：**

（1）钢筋混凝土剪力墙的受剪截面应符合下列条件：

$$V \leqslant 0.25\beta_c f_c bh_0 \qquad (1.2.24)$$

（2）钢筋混凝土剪力墙在偏心受压时的斜截面受剪承载力应符合下列规定：

$$V \leqslant \frac{1}{\lambda - 0.5}\left(0.5f_t bh_0 + 0.13N\frac{A_w}{A}\right) + f_{yv}\frac{A_{sh}}{s_v}h_0 \qquad (1.2.25)$$

式中：$N$ ——与剪力设计值 $V$ 相应的轴向压力设计值，当 $N$ 大于 $0.2f_c bh$ 时，取 $0.2f_c bh$；

$A$ ——剪力墙的截面面积；

$A_w$ ——T 形、I 形截面剪力墙腹板的截面面积，对矩形截面剪力墙，取为 $A$；

$A_{sh}$ ——配置在同一截面内的水平分布钢筋的全部截面面积；

$s_v$ ——水平分布钢筋的竖向间距；

$\lambda$ ——计算截面的剪跨比，取为 $M/(Vh_0)$；当 $\lambda$ 小于 1.5 时，取 1.5，当 $\lambda$ 大于 2.2 时，取 2.2；此处，$M$ 为与剪力设计值 $V$ 相应的弯矩设计值；当计算截面与墙底之间的距离小于 $h_0/2$ 时，$\lambda$ 可按距墙底 $h_0/2$ 处的弯矩值与剪力值计算。

注：当 $V \leqslant \dfrac{1}{\lambda - 0.5}\left(0.5f_t bh_0 + 0.13N\dfrac{A_w}{A}\right)$ 时，水平分布钢筋可按构造要求配置。

（3）钢筋混凝土剪力墙在偏心受拉时的斜截面受剪承载力应符合下列规定：

$$V \leqslant \frac{1}{\lambda - 0.5}\left(0.5f_t bh_0 - 0.13N\frac{A_w}{A}\right) + f_{yv}\frac{A_{sh}}{s_v}h_0 \qquad (1.2.26)$$

式中：$N$ ——与剪力设计值 $V$ 相应的轴向拉力设计值；

$\lambda$ ——计算截面的剪跨比。

注：当 $\dfrac{1}{\lambda - 0.5}\left(0.5f_t bh_0 - 0.13N\dfrac{A_w}{A}\right) \leqslant 0$ 时，取为 0。

### 1.2.5 剪力墙洞口连梁的受剪计算：

（1）剪力墙洞口连梁的受剪截面应符合：

$$\begin{cases} h_w/b \leqslant 4 \\ V \leqslant 0.25\beta_c f_c bh_0 \end{cases} \qquad (1.2.27)$$

注：对 T 形或 I 形截面的简支受弯构件，当有实践经验时，公式中的系数可改用 0.3。

$$\begin{cases} h_w/b \geqslant 6 \\ V \leqslant 0.2\beta_c f_c bh_0 \end{cases} \qquad (1.2.28)$$

式中：$V$ ——构件斜截面上的最大剪力设计值；

$\beta_c$ ——混凝土强度影响系数：当混凝土强度等级不超过 C50 时，$\beta_c$ 取 1.0；当混凝土强度等级为 C80 时，$\beta_c$ 取 0.8；其间按线性内插法确定：

$b$——矩形截面的宽度，T 形截面或 I 形截面的腹板宽度；

$h_0$——截面的有效高度；

$h_w$——截面的腹板高度：矩形截面，取有效高度；T 形截面，取有效高度减去翼缘高度；I 形截面，取腹板净高。

使用说明：当 $4<h_w/b<6$ 时，按线性内插法确定；

（2）剪力墙洞口连梁的斜截面受剪承载力应符合下列规定：

$$V \leqslant 0.7f_t bh_0 + f_{yv} \frac{A_{sv}}{s} h_0 \qquad (1.2.29)$$

## 1.3 扭曲截面承载力计算

（1）在弯矩、剪力和扭矩共同作用下，$h_w/b$ 不大于 6 的矩形、T 形、I 形截面和 $h_w/t_w$ 不大于 6 的箱形截面构件（图 1.3.1），其截面应符合下列条件：

$$\begin{cases} h_w/b(\text{或 } h_w/t_w) \leqslant 4 \\ \dfrac{V}{bh_0} + \dfrac{T}{0.8W_t} \leqslant 0.25\beta_c f_c \end{cases} \qquad (1.3.1)$$

$$\begin{cases} h_w/b(\text{或 } h_w/t_w) = 6 \\ \dfrac{V}{bh_0} + \dfrac{T}{0.8W_t} \leqslant 0.2\beta_c f_c \end{cases} \qquad (1.3.2)$$

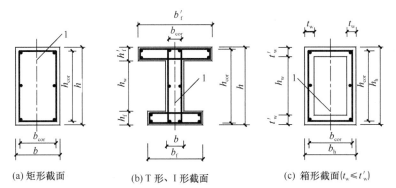

(a) 矩形截面　　(b) T 形、I 形截面　　(c) 箱形截面($t_w \leqslant t'_w$)

图 1.3.1 受扭构件截面
1—弯矩、剪力作用平面

注：当 $h_w/b$（或 $h_w/t_w$）大于 4 但小于 6 时，按线性内插法确定。

式中：$T$——扭矩设计值；

$b$——矩形截面的宽度，T 形或 I 形截面取腹板宽度，箱形截面取两侧壁总厚度 $2t_w$；

$W_t$——受扭构件的截面受扭塑性抵抗矩；

$h_w$——截面的腹板高度：对矩形截面，取有效高度 $h_0$；对 T 形截面，取有效高度减去翼缘高度；对 I 形和箱形截面，取腹板净高；

$t_w$——箱形截面壁厚，其值不应小于 $b_h/7$，此处，$b_h$ 为箱形截面的宽度。

（2）在弯矩、剪力和扭矩共同作用下的构件，当符合下列要求时，可不进行构件受剪扭承载力计算：

$$\frac{V}{bh_0} + \frac{T}{W_t} \leqslant 0.7f_t + 0.05\frac{N_{p0}}{bh_0} \tag{1.3.3}$$

或

$$\frac{V}{bh_0} + \frac{T}{W_t} \leqslant 0.7f_t + 0.07\frac{N}{bh_0} \tag{1.3.4}$$

式中：$N_{p0}$——计算截面上混凝土法向预应力等于零时的预加力，当 $N_{p0}$ 大于 $0.3f_cA_0$ 时，取 $0.3f_cA_0$，此处，$A_0$ 为构件的换算截面面积；

$N$——与剪力、扭矩设计值 $V$、$T$ 相应的轴向压力设计值，当 $N$ 大于 $0.3f_cA$ 时，取 $0.3f_cA$，此处，$A$ 为构件的截面面积。

（3）受扭构件的截面受扭塑性抵抗矩可按下列规定计算：

1）矩形截面 $\qquad W_t = \frac{b^2}{6}(3h - b) \tag{1.3.5}$

式中：$b$、$h$——分别为矩形截面的短边尺寸、长边尺寸。

2）T 形和 I 形截面

$$W_t = W_{tw} + W'_{tf} + W_{tf} \tag{1.3.6}$$

① 腹板 $\qquad W_{tw} = \frac{b^2}{6}(3h - b) \tag{1.3.7}$

② 受压翼缘 $\qquad W'_{tf} = \frac{h'^2_f}{2}(b'_f - b) \tag{1.3.8}$

③ 受拉翼缘 $\qquad W_{tf} = \frac{h^2_f}{2}(b_f - b) \tag{1.3.9}$

式中：$b$、$h$——分别为截面的腹板宽度、截面高度；

$b'_f$、$b_f$——分别为截面受压区、受拉区的翼缘宽度（$b'_f \leqslant b + 6h'_f$ 及 $b_f \leqslant b + 6h_f$）；

$h'_f$、$h_f$——分别为截面受压区、受拉区的翼缘高度。

3）箱形截面

$$W_t = \frac{b^2_h}{6}(3h_h - b_h) - \frac{(b_h - 2t_w)^2}{6}[3h_w - (b_h - 2t_w)] \tag{1.3.10}$$

（4）矩形截面纯扭构件的受扭承载力应符合下列规定：

$$T \leqslant 0.35f_tW_t + 1.2\sqrt{\zeta}f_{yv}\frac{A_{st1}A_{cor}}{s} \tag{1.3.11}$$

$$\zeta = \frac{f_y A_{stl} s}{f_{yv} A_{st1} u_{cor}} \qquad (1.3.12)$$

式中：$\zeta$——受扭的纵向普通钢筋与箍筋的配筋强度比值，$\zeta$值不应小于 0.6，当 $\zeta$ 大于 1.7，取 1.7，并可在公式（1.3.11）的右边增加预应力影响项 $0.05\frac{N_{p0}}{A_0}W_t$；

$A_{stl}$——受扭计算中取对称布置的全部纵向普通钢筋截面面积；

$A_{st1}$——受扭计算中沿截面周边配置的箍筋单肢截面面积；

$f_{yv}$——受扭箍筋的抗拉强度设计值；

$A_{cor}$——截面核心部分的面积，取为 $b_{cor}h_{cor}$，此处，$b_{cor}$、$h_{cor}$ 分别为箍筋内表面范围内截面核心部分的短边、长边尺寸；

$u_{cor}$——截面核心部分的周长，取 $2(b_{cor}+h_{cor})$。

注：当 $\zeta$ 小于 1.7 或 $e_{p0}$ 大于 $h/6$ 时，不应考虑预加力影响项，而应按钢筋混凝土纯扭构件计算。

（5）T 形和 I 形截面纯扭构件，可将其截面划分为几个矩形截面，分别按矩形截面纯扭构件的受扭承载力计算。每个矩形截面的扭矩设计值可按下列规定计算：

$$\text{1）腹板} \qquad T_w = \frac{W_{tw}}{W_t}T \qquad (1.3.13)$$

$$\text{2）受压翼缘} \qquad T'_f = \frac{W'_{tf}}{W_t}T \qquad (1.3.14)$$

$$\text{3）受拉翼缘} \qquad T_f = \frac{W_{tf}}{W_t}T \qquad (1.3.15)$$

式中：$T_w$——腹板所承受的扭矩设计值；

$T'_f$、$T_f$——分别为受压翼缘、受拉翼缘所承受的扭矩设计值。

（6）箱形截面钢筋混凝土纯扭构件的受扭承载力应符合下列规定：

$$T \leqslant 0.35\alpha_h f_t W_t + 1.2\sqrt{\zeta}f_{yv}\frac{A_{st1}A_{cor}}{s}$$

$$\alpha_h = 2.5t_w/b_h \qquad (1.3.16)$$

式中：$\alpha_h$——箱形截面壁厚影响系数，当 $\alpha_h$ 大于 1.0 时，取 1.0。

（7）在轴向压力和扭矩共同作用下的矩形截面钢筋混凝土构件，其受扭承载力应符合下列规定：

$$T \leqslant \left(0.35f_t + 0.07\frac{N}{A}\right)W_t + 1.2\sqrt{\zeta}f_{yv}\frac{A_{st1}A_{cor}}{s} \qquad (1.3.17)$$

式中：$N$——与扭矩设计值 $T$ 相应的轴向压力设计值，当 $N$ 大于 $0.3f_c A$ 时，取 $0.3f_c A$。

（8）在剪力和扭矩共同作用下的矩形截面剪扭构件，其受剪扭承载力应符合下列规定：

一般剪扭构件：

$$V \leqslant (1.5 - \beta_t)(0.7f_t bh_0 + 0.05N_{p0}) + f_{yv}\frac{A_{sv}}{s}h_0 \tag{1.3.18}$$

$$\beta_t = \frac{1.5}{1 + 0.5\dfrac{VW_t}{Tbh_0}} \tag{1.3.19}$$

$$T \leqslant \beta_t\left(0.35f_t + 0.05\frac{N_{p0}}{A_0}\right)W_t + 1.2\sqrt{\zeta}f_{yv}\frac{A_{st1}A_{cor}}{s} \tag{1.3.20}$$

式中：$A_{sv}$——受剪承载力所需的箍筋截面面积；

$\beta_t$——一般剪扭构件混凝土受扭承载力降低系数：当 $\beta_t$ 小于 0.5 时，取 0.5；当 $\beta_t$ 大于 1.0 时，取 1.0。

集中荷载作用下的独立剪扭构件：

$$V \leqslant (1.5 - \beta_t)\left(\frac{1.75}{\lambda + 1}f_t bh_0 + 0.05N_{p0}\right) + f_{yv}\frac{A_{sv}}{s}h_0 \tag{1.3.21}$$

$$\beta_t = \frac{1.5}{1 + 0.2(\lambda + 1)\dfrac{VW_t}{Tbh_0}} \tag{1.3.22}$$

$$T \leqslant \beta_t\left(0.35f_t + 0.05\frac{N_{p0}}{A_0}\right)W_t + 1.2\sqrt{\zeta}f_{yv}\frac{A_{st1}A_{cor}}{s} \tag{1.3.23}$$

式中：$\lambda$——计算截面的剪跨比，可取 $\lambda$ 等于 $a/h_0$，当 $\lambda$ 小于 1.5 时，取 1.5，当 $\lambda$ 大于 3 时，取 3，$a$ 取集中荷载作用点至支座截面或节点边缘的距离；

$\beta_t$——集中荷载作用下剪扭构件混凝土受扭承载力降低系数：当 $\beta_t$ 小于 0.5 时，取 0.5；当 $\beta_t$ 大于 1.0 时，取 1.0。

（9）T 形和 I 形截面剪扭构件的受剪扭承载力应符合下列规定：

1）T 形和 I 形截面剪扭构件的受剪承载力计算：

① 一般剪扭构件

$$V \leqslant (1.5 - \beta_t)(0.7f_t bh_0 + 0.05N_{p0}) + f_{yv}\frac{A_{sv}}{s}h_0 \tag{1.3.24}$$

$$\beta_t = \frac{1.5}{1 + 0.5\dfrac{VW_{tw}}{T_w bh_0}} \tag{1.3.25}$$

式中：$A_{sv}$——受剪承载力所需的箍筋截面面积；

$\beta_t$——一般剪扭构件混凝土受扭承载力降低系数：当 $\beta_t$ 小于 0.5 时，取 0.5；当 $\beta_t$ 大于 1.0 时，取 1.0。

② 集中荷载作用下的独立剪扭构件

$$V \leqslant (1.5 - \beta_t)\left(\frac{1.75}{\lambda + 1}f_t bh_0 + 0.05 N_{p0}\right) + f_{yv}\frac{A_{sv}}{s}h_0 \tag{1.3.26}$$

$$\beta_t = \frac{1.5}{1 + 0.2(\lambda + 1)\dfrac{VW_{tw}}{T_w bh_0}} \tag{1.3.27}$$

式中：$\lambda$——计算截面的剪跨比，可取 $\lambda$ 等于 $a/h_0$，当 $\lambda$ 小于 1.5 时，取 1.5，当 $\lambda$ 大于 3 时，取 3，$a$ 取集中荷载作用点至支座截面或节点边缘的距离；

$\beta_t$——集中荷载作用下剪扭构件混凝土受扭承载力降低系数：当 $\beta_t$ 小于 0.5 时，取 0.5；当 $\beta_t$ 大于 1.0 时，取 1.0。

2）T 形和 I 形截面剪扭构件的受扭承载力计算：

T 形和 I 形截面剪扭构件，可将其截面划分为几个矩形截面，分别计算构件的受扭承载力：

① 腹板

一般剪扭构件：

$$T_w \leqslant \beta_t\left(0.35 f_t + 0.05\frac{N_{p0}}{A_0}\right)W_{tw} + 1.2\sqrt{\zeta}f_{yv}\frac{A_{st1}A_{cor}}{s} \tag{1.3.28}$$

$$\beta_t = \frac{1.5}{1 + 0.5\dfrac{VW_{tw}}{T_w bh_0}} \tag{1.3.29}$$

集中荷载作用下的独立剪扭构件：

$$T_w \leqslant \beta_t\left(0.35 f_t + 0.05\frac{N_{p0}}{A_0}\right)W_{tw} + 1.2\sqrt{\zeta}f_{yv}\frac{A_{st1}A_{cor}}{s} \tag{1.3.30}$$

$$\beta_t = \frac{1.5}{1 + 0.2(\lambda + 1)\dfrac{VW_{tw}}{T_w bh_0}} \tag{1.3.31}$$

② 受压翼缘

$$T'_f \leqslant 0.35 f_t W'_{tf} + 1.2\sqrt{\zeta}f_{yv}\frac{A_{st1}A_{cor}}{s} \tag{1.3.32}$$

$$\zeta = \frac{f_y A_{stl} s}{f_{yv}A_{st1}u_{cor}} \tag{1.3.33}$$

③ 受拉翼缘

$$T_f \leqslant 0.35 f_t W_{tf} + 1.2\sqrt{\zeta}f_{yv}\frac{A_{st1}A_{cor}}{s} \tag{1.3.34}$$

$$\zeta = \frac{f_y A_{stl} s}{f_{yv}A_{st1}u_{cor}} \tag{1.3.35}$$

（10）箱形截面钢筋混凝土剪扭构件的受剪扭承载力计算：

1）一般剪扭构件

① 受剪承载力

$$V \leqslant 0.7(1.5 - \beta_t)f_t b h_0 + f_{yv}\frac{A_{sv}}{s}h_0 \qquad (1.3.36)$$

$$\beta_t = \frac{1.5}{1 + 0.5\dfrac{V\alpha_h W_t}{Tbh_0}} \qquad (1.3.37)$$

② 受扭承载力

$$T \leqslant 0.35\alpha_h\beta_t f_t W_t + 1.2\sqrt{\zeta}f_{yv}\frac{A_{st1}A_{cor}}{s} \qquad (1.3.38)$$

$$\beta_t = \frac{1.5}{1 + 0.5\dfrac{V\alpha_h W_t}{Tbh_0}} \qquad (1.3.39)$$

式中：$\alpha_h$——箱形截面壁厚影响系数，当 $\alpha_h$ 大于 1.0 时，取 1.0。

2）集中荷载作用下的独立剪扭构件

① 受剪承载力

$$V \leqslant (1.5 - \beta_t)\frac{1.75}{\lambda + 1}f_t b h_0 + f_{yv}\frac{A_{sv}}{s}h_0 \qquad (1.3.40)$$

$$\beta_t = \frac{1.5}{1 + 0.2(\lambda + 1)\dfrac{V\alpha_h W_t}{Tbh_0}} \qquad (1.3.41)$$

② 受扭承载力

$$T \leqslant 0.35\alpha_h\beta_b f_t W_t + 1.2\sqrt{\zeta}f_{yv}\frac{A_{st1}A_{cor}}{s} \qquad (1.3.42)$$

$$\beta_t = \frac{1.5}{1 + 0.2(\lambda + 1)\dfrac{VW_t}{Tbh_0}} \qquad (1.3.43)$$

（11）在轴向拉力和扭矩共同作用下的矩形截面钢筋混凝土构件，其受扭承载力计算：

$$T \leqslant \left(0.35f_t - 0.2\frac{N}{A}\right)W_t + 1.2\sqrt{\zeta}f_{yv}\frac{A_{st1}A_{cor}}{s} \qquad (1.3.44)$$

式中：$\zeta$——受扭的纵向普通钢筋与箍筋的配筋强度比值，$\zeta = \dfrac{f_y A_{stl}s}{f_{yv}A_{st1}u_{cor}}$，$\zeta$ 值不应小于 0.6，当 $\zeta$ 大于 1.7，取 1.7；

$A_{stl}$——对称布置受扭用的全部纵向普通钢筋的截面面积；

$A_{st1}$——受扭计算中沿截面周边配置的箍筋单肢截面面积；

$N$——与扭矩设计值相应的轴向拉力设计值，当 $N$ 大于 $1.75f_t A$ 时，取 $1.75f_t A$；

$A_{cor}$——截面核心部分的面积，取为 $b_{cor}h_{cor}$，此处，$b_{cor}$、$h_{cor}$ 分别为箍筋内表

面范围内截面核心部分的短边、长边尺寸;

$u_{cor}$——截面核心部分的周长,取 $2(b_{cor}+h_{cor})$。

注:1. 在弯矩、剪力和扭矩共同作用下的矩形、T形、I形和箱形截面的弯剪扭构件,其承载力计算:

(1) 当 $V$ 不大于 $0.35f_t bh_0$ 或 $V$ 不大于 $0.875f_t bh_0/(\lambda+1)$ 时,可仅计算受弯构件的正截面受弯承载力和纯扭构件的受扭承载力;

(2) 当 $T$ 不大于 $0.175f_t W_t$ 或 $T$ 不大于 $0.175\alpha_h f_t W_t$ 时,可仅验算受弯构件的正截面受弯承载力和斜截面受剪承载力。

2. 矩形、T形、I形和箱形截面弯剪扭构件,其纵向钢筋截面面积应分别按受弯构件的正截面受弯承载力和剪扭构件的受扭承载力计算确定;箍筋截面面积应分别按剪扭构件的受剪承载力和受扭承载力计算确定。

(12) 在轴向压力、弯矩、剪力和扭矩共同作用下的钢筋混凝土矩形截面框架柱,其受剪扭承载力计算:

1) 受剪承载力

$$V \leqslant (1.5-\beta_t)\left(\frac{1.75}{\lambda+1}f_t bh_0 + 0.07N\right) + f_{yv}\frac{A_{sv}}{s}h_0 \qquad (1.3.45)$$

2) 受扭承载力

$$T \leqslant \beta_t\left(0.35f_t + 0.07\frac{N}{A}\right)W_t + 1.2\sqrt{\zeta}f_{yv}\frac{A_{st1}A_{cor}}{s} \qquad (1.3.46)$$

式中:$\lambda$——偏心受压构件计算截面的剪跨比,取为 $M/(Vh_0)$;

$\beta_t$——剪扭构件混凝土受扭承载力降低系数;

$\zeta$——受扭的纵向普通钢筋与箍筋的配筋强度比值,$\zeta=\dfrac{f_y A_{st1}s}{f_{yv}A_{st1}u_{cor}}$,$\zeta$ 值不

应小于 0.6,当 $\zeta$ 大于 1.7,取 1.7。

注:1. 在轴向压力、弯矩、剪力和扭矩共同作用下的钢筋混凝土矩形截面框架柱,当 $T$ 不大于 $(0.175f_t+0.035N/A)W_t$ 时,可仅计算偏心受压构件的正截面承载力和斜截面受剪承载力;

2. 在轴向压力、弯矩、剪力和扭矩共同作用下的钢筋混凝土矩形截面框架柱,其纵向普通钢筋截面面积应分别按偏心受压构件的正截面承载力和剪扭构件的受扭承载力计算确定;箍筋截面面积应分别按剪扭构件的受剪承载力和受扭承载力计算确定。

(13) 在轴向拉力、弯矩、剪力和扭矩共同作用下的钢筋混凝土矩形截面框架柱,其受剪扭承载力计算:

1) 受剪承载力

$$V \leqslant (1.5-\beta_t)\left(\frac{1.75}{\lambda+1}f_t bh_0 - 0.2N\right) + f_{yv}\frac{A_{sv}}{s}h_0 \qquad (1.3.47)$$

注:当 $(1.5-\beta_t)\left(\dfrac{1.75}{\lambda+1}f_t bh_0 - 0.2N\right) \leqslant 0$ 时,取为 0。

2）受扭承载力

$$T \leqslant \beta_{t}\left(0.35 f_{t} - 0.2 \frac{N}{A}\right) W_{t} + 1.2 \sqrt{\zeta} f_{yv} \frac{A_{st1} A_{cor}}{s} \tag{1.3.48}$$

注：当 $\beta_{t}\left(0.35 f_{t} - 0.2 \frac{N}{A}\right) W_{t} \leqslant 0$ 时，取为 0。

式中：$\lambda$——偏心受压构件计算截面的剪跨比，取为 $M/(Vh_{0})$；

$A_{sv}$——受剪承载力所需的箍筋截面面积；

$N$——与剪力、扭矩设计值 $V$、$T$ 相应的轴向拉力设计值；

$\beta_{t}$——剪扭构件混凝土受扭承载力降低系数；

$\zeta$——受扭的纵向普通钢筋与箍筋的配筋强度比值，$\zeta = \frac{f_{y} A_{st1} s}{f_{yv} A_{st1} u_{cor}}$，$\zeta$ 值不

应小于 0.6，当 $\zeta$ 大于 1.7，取 1.7。

注：1. 在轴向拉力、弯矩、剪力和扭矩共同作用下的钢筋混凝土矩形截面框架柱，当 $T \leqslant (0.175 f_{t} - 0.1 N/A) W_{t}$ 时，可仅计算偏心受拉构件的正截面承载力和斜截面受剪承载力；

2. 在轴向拉力、弯矩、剪力和扭矩共同作用下的钢筋混凝土矩形截面框架柱，其纵向普通钢筋截面面积应分别按偏心受拉构件的正截面承载力和剪扭构件的承载力计算确定；箍筋截面面积应分别按剪扭构件的受剪承载力和受扭承载力计算确定。

## 1.4 受冲切承载力计算

（1）在局部荷载或集中反力作用下，不配置箍筋或弯起钢筋的板的受冲切承载力应符合下列规定（图 1.4.1）：

$$\begin{cases} F_{l} \leqslant (0.7 \beta_{h} f_{t} + 0.25 \sigma_{pc,m}) \eta u_{m} h_{0} & (1.4.1) \\ \eta_{1} = 0.4 + \frac{1.2}{\beta_{s}} & (1.4.2) \\ \eta_{2} = 0.5 + \frac{\alpha_{s} h_{0}}{4 u_{m}} & (1.4.3) \end{cases}$$

式中：$F_{l}$——局部荷载设计值或集中反力设计值；板柱节点，取柱所承受的轴向压力设计值的层间差值减去柱顶冲切破坏锥体范围内板所承受的荷载设计值；

$\beta_{h}$——截面高度影响系数：当 $h$ 不大于 800mm 时，取 $\beta_{h}$ 为 1.0；当 $h$ 不小于 2000mm 时，取 $\beta_{h}$ 为 0.9，其间按线性内插法取用；

$\sigma_{pc,m}$——计算截面周长上两个方向混凝土有效预压应力按长度的加权平均值，其值宜控制在 1.0～3.5N/mm² 范围内；

$u_{m}$——计算截面的周长，取距离局部荷载或集中反力作用面积周边 $h_{0}/2$

处板垂直截面的最不利周长；

$h_0$——截面有效高度，取两个方向配筋的截面有效高度平均值；

$\eta$——取 $\eta_1$、$\eta_2$ 中的较小值；

$\eta_1$——局部荷载或集中反力作用面积形状的影响系数；

$\eta_2$——计算截面周长与板截面有效高度之比的影响系数；

$\beta_s$——局部荷载或集中反力作用面积为矩形时的长边与短边尺寸的比值，$\beta_s$ 不宜大于 4；当 $\beta_s$ 小于 2 时取 2；对圆形冲切面，$\beta_s$ 取 2；

$\alpha_s$——柱位置影响系数：中柱，$\alpha_s$ 取 40；边柱，$\alpha_s$ 取 30；角柱，$\alpha_s$ 取 20。

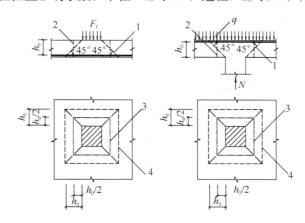

图 1.4.1  板受冲切承载力计算

1—冲切破坏锥体的斜截面；2—计算截面；3—计算截面的周长；
4—冲切破坏锥体的底面线

（2）在局部荷载或集中反力作用下，配置箍筋或弯起钢筋，其受冲切截面及受冲切承载力应符合下列要求：

1）受冲切截面

$$F_l \leqslant 1.2 f_t \eta u_m h_0 \tag{1.4.4}$$

2）配置箍筋、弯起钢筋时的受冲切承载力

$$F_l \leqslant (0.5 f_t + 0.25 \sigma_{pc,m}) \eta u_m h_0 + 0.8 f_{yv} A_{svu} + 0.8 f_y A_{sbu} \sin\alpha \tag{1.4.5}$$

式中：$f_{yv}$——箍筋的抗拉强度设计值；

$A_{svu}$——与呈 45°冲切破坏锥体斜截面相交的全部箍筋截面面积；

$A_{sbu}$——与呈 45°冲切破坏锥体斜截面相交的全部弯起钢筋截面面积；

$\alpha$——弯起钢筋与板底面的夹角。

（3）矩形截面柱的阶形基础，在柱与基础交接处以及基础变阶处的受冲切承载力应符合下列规定（图 1.4.2）：

27

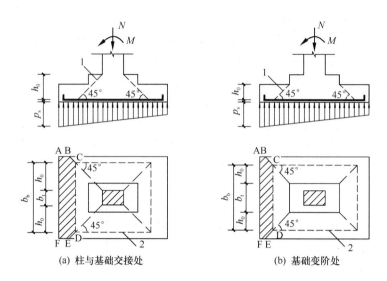

图 1.4.2　计算阶形基础的受冲切承载力截面位置
1—冲切破坏锥体最不利一侧的斜截面；2—冲切破坏锥体的底面线

$$\left\{
\begin{array}{ll}
F_l \leqslant 0.7\beta_{\mathrm{h}}f_{\mathrm{t}}b_{\mathrm{m}}h_0 & (1.4.6) \\
F_l = p_{\mathrm{s}}A & (1.4.7) \\
b_{\mathrm{m}} = \dfrac{b_{\mathrm{t}}+b_{\mathrm{b}}}{2} & (1.4.8)
\end{array}
\right.$$

式中：$h_0$——柱与基础交接处或基础变阶处的截面有效高度，取两个方向配筋的
　　　　　截面有效高度平均值；

　　　$p_{\mathrm{s}}$——按荷载效应基本组合计算并考虑结构重要性系数的基础底面地基反
　　　　　力设计值（可扣除基础自重及其上的土重），当基础偏心受力时，
　　　　　可取用最大的地基反力设计值；

　　　$A$——考虑冲切荷载时取用的多边形面积（图 1.4.2 中的阴影面积 ABC-
　　　　　DEF）；

　　　$b_{\mathrm{t}}$——冲切破坏锥体最不利一侧斜截面的上边长：当计算柱与基础交接处
　　　　　的受冲切承载力时，取柱宽；当计算基础变阶处的受冲切承载力
　　　　　时，取上阶宽；

　　　$b_{\mathrm{b}}$——柱与基础交接处或基础变阶处的冲切破坏锥体最不利一侧斜截面的
　　　　　下边长，取 $b_{\mathrm{t}}+2h_0$。

　　使用说明：1）当板开有孔洞且孔洞至局部荷载或集中反力作用面积边缘的距离
不大于 $6h_0$ 时，受冲切承载力计算中取用的计算截面周长 $u_{\mathrm{m}}$ 应扣除局部荷载或集中
反力作用面积中心至开孔外边画出两条切线之间所包含的长度（图 1.4.3）。

　　注：当图中 $l_1$ 大于 $l_2$ 时，孔洞边长用 $\sqrt{l_1l_2}$ 代替。

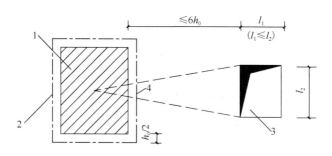

图 1.4.3 邻近孔洞时的计算截面周长
1—局部荷载或集中反力作用面；2—计算截面周长；3—孔洞；4—应扣除的长度

2）配置抗冲切钢筋的冲切破坏锥体以外的截面，$u_m$ 应取配置抗冲切钢筋的冲切破坏锥体以外 $0.5h_0$ 处的最不利周长。

3）在竖向荷载、水平荷载作用下，当考虑板柱节点计算截面上的剪应力传递不平衡弯矩时，其集中反力设计值 $F_l$ 应以等效集中反力设计值 $F_{l,eq}$ 代替。

## 1.5 局部受压承载力计算

（1）配置间接钢筋的混凝土结构构件，其局部受压区的截面尺寸应符合下列要求：

$$\begin{cases} F_l \leqslant 1.35\beta_c\beta_l f_c A_{ln} & (1.5.1) \\ \beta_l = \sqrt{\dfrac{A_b}{A_l}} & (1.5.2) \end{cases}$$

式中：$F_l$——局部受压面上作用的局部荷载或局部压力设计值；

$f_c$——混凝土轴心抗压强度设计值；

$\beta_c$——混凝土强度影响系数；

$\beta_l$——混凝土局部受压时的强度提高系数；

$A_l$——混凝土局部受压面积；

$A_{ln}$——混凝土局部受压净面积；对后张法构件，应在混凝土局部受压面积中扣除孔道、凹槽部分的面积；

$A_b$——局部受压的计算底面积。

（2）配置方格网式或螺旋式间接钢筋（图 1.5.1）的局部受压承载力应符合下列规定：

$$F_l \leqslant 0.9(\beta_c\beta_l f_c + 2\alpha\rho_v\beta_{cor} f_{yv})A_{ln} \qquad (1.5.3)$$

式中：$\beta_{cor}$——配置间接钢筋的局部受压承载力提高系数，可按本规范公式（1.5.2）计算，但公式中 $A_b$ 应代之以 $A_{cor}$，且当 $A_{cor}$ 大于 $A_b$ 时，$A_{cor}$ 取 $A_b$；

当 $A_{cor}$ 不大于混凝土局部受压面积 $A_l$ 的 1.25 倍时，$\beta_{cor}$ 取 1.0；

$\alpha$——间接钢筋对混凝土约束的折减系数，当混凝土强度等级不超过 C50 时，取 1.0，当混凝土强度等级为 C80 时，取 0.85，其间按线性内插法确定。

$f_{yv}$——间接钢筋的抗拉强度设计值；

$\rho_v$——间接钢筋的体积配筋率。

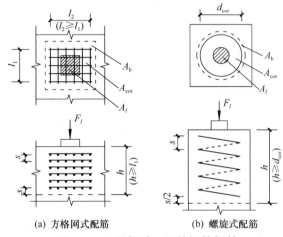

(a) 方格网式配筋　　　　　(b) 螺旋式配筋

图 1.5.1　局部受压区的间接钢筋

$A_l$—混凝土局部受压面积；$A_b$—局部受压的计算底面积；$A_{cor}$—方格网式或螺旋式间接钢筋内表面范围内的混凝土核心面积

（3）局部受压的计算底面积 $A_b$，可由局部受压面积与计算底面积按同心、对称的原则确定；常用情况，可按图 1.5.2 取用。

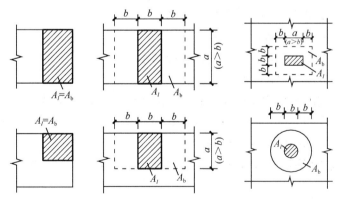

图 1.5.2　局部受压的计算底面积

$A_l$—混凝土局部受压面积；$A_b$—局部受压的计算底面积

## 1.6 疲劳验算

（1）钢筋混凝土和预应力混凝土受弯构件正截面疲劳应力应符合下列要求：

1）受压区边缘纤维的混凝土压应力

$$\sigma_{cc,max}^{f} \leqslant f_{c}^{f} \qquad (1.6.1)$$

2）预应力混凝土构件受拉区边缘纤维的混凝土拉应力

$$\sigma_{ct,max}^{f} \leqslant f_{t}^{f} \qquad (1.6.2)$$

3）受拉区纵向普通钢筋的应力幅

$$\Delta\sigma_{si}^{f} \leqslant \Delta f_{y}^{f} \qquad (1.6.3)$$

4）受拉区纵向预应力筋的应力幅

$$\Delta\sigma_{p}^{f} \leqslant \Delta f_{py}^{f} \qquad (1.6.4)$$

式中：$\sigma_{cc,max}^{f}$——疲劳验算时截面受压区边缘纤维的混凝土压应力；

$\sigma_{ct,max}^{f}$——疲劳验算时预应力混凝土截面受拉区边缘纤维的混凝土拉应力；

$\Delta\sigma_{si}^{f}$——疲劳验算时截面受拉区第 $i$ 层纵向钢筋的应力幅；

$\Delta\sigma_{p}^{f}$——疲劳验算时截面受拉区最外层纵向预应力筋的应力幅；

$f_{c}^{f}$、$f_{t}^{f}$——分别为混凝土轴心抗压、抗拉疲劳强度设计值；

$\Delta f_{y}^{f}$——钢筋的疲劳应力幅限值；

$\Delta f_{py}^{f}$——预应力筋的疲劳应力幅限值。

注：当纵向受拉钢筋为同一钢种时，可仅验算最外层钢筋的应力幅。

（2）钢筋混凝土受弯构件正截面的混凝土压应力以及钢筋的应力幅应按下列公式计算：

1）受压区边缘纤维的混凝土压应力

$$\sigma_{cc,max}^{f} = \frac{M_{max}^{f} x_{0}}{I_{0}^{f}} \qquad (1.6.5)$$

2）纵向受拉钢筋的应力幅

$$\Delta\sigma_{si}^{f} = \sigma_{si,max}^{f} - \sigma_{si,min}^{f} \qquad (1.6.6)$$

$$\sigma_{si,min}^{f} = \alpha_{E}^{f} \frac{M_{min}^{f}(h_{0i} - x_{0})}{I_{0}^{f}} \qquad (1.6.7)$$

$$\sigma_{si,max}^{f} = \alpha_{E}^{f} \frac{M_{max}^{f}(h_{0i} - x_{0})}{I_{0}^{f}} \qquad (1.6.8)$$

式中：$M_{max}^{f}$、$M_{min}^{f}$——疲劳验算时同一截面上在相应荷载组合下产生的最大、最小弯矩值；

$\sigma_{si,min}^{f}$、$\sigma_{si,max}^{f}$——由弯矩 $M_{min}^{f}$、$M_{max}^{f}$ 引起相应截面受拉区第 $i$ 层纵向钢筋的应力；

$\alpha_E^f$——钢筋的弹性模量与混凝土疲劳变形模量的比值；

$I_0^f$——疲劳验算时相应于弯矩 $M_{max}^f$ 与 $M_{min}^f$ 为相同方向时的换算截面惯性矩；

$x_0$——疲劳验算时相应于弯矩 $M_{max}^f$ 与 $M_{min}^f$ 为相同方向时的换算截面受压区高度；

$h_{0i}$——相应于弯矩 $M_{max}^f$ 与 $M_{min}^f$ 为相同方向时的截面受压区边缘至受拉区第 $i$ 层纵向钢筋截面重心的距离。当弯矩 $M_{max}^f$ 与 $M_{min}^f$ 的方向相反时，式中 $h_{0i}$、$x_0$ 和 $I_0^f$ 应以截面相反位置的 $h_{0i}'$、$x_0'$ 和 $I_0'$ 代替。

（3）钢筋混凝土受弯构件疲劳验算时，换算截面的受压区高度 $x_0$、$x_0'$ 和惯性矩 $I_0^f$、$I_0^f$，应按下列公式计算：

1）当 $\alpha_E^f \sigma_c^f \leqslant f_y'$ 时

① 矩形及翼缘位于受拉区的 T 形截面

$$\begin{cases} \dfrac{bx_0^2}{2} + \alpha_E^f A_s'(x_0 - a_s') - \alpha_E^f A_s(h_0 - x_0) = 0 & (1.6.9) \\[3mm] I_0^f = \dfrac{bx_0^3}{3} + \alpha_E^f A_s'(x_0 - a_s')^2 + \alpha_E^f A_s(h_0 - x_0)^2 & (1.6.10) \end{cases}$$

② I 形及翼缘位于受压区的 T 形截面

a. 当 $x_0$ 大于 $h_f'$ 时（图 1.6.1）

$$\begin{cases} \dfrac{b_f' x_0^2}{2} - \dfrac{(b_f' - b)(x_0 - h_f')^2}{2} + \alpha_E^f A_s'(x_0 - a_s') - \alpha_E^f A_s(h_0 - x_0) = 0 \\[4mm] \hfill (1.6.11) \\[3mm] I_0^f = \dfrac{b_f' x_0^3}{3} - \dfrac{(b_f' - b)(x_0 - h_f')^3}{3} + \alpha_E^f A_s'(x_0 - a_s')^2 + \alpha_E^f A_s(h_0 - x_0)^2 \\[4mm] \hfill (1.6.12) \end{cases}$$

b. 当 $x_0$ 不大于 $h_f'$ 时，按宽度为 $b_f'$ 的矩形截面计算。

2）当 $\alpha_E^f \sigma_c^f > f_y'$ 时

① 矩形及翼缘位于受拉区的 T 形截面

$$\begin{cases} \dfrac{bx_0^2}{2} + f_y' A_s'/\sigma_c^f(x_0 - a_s') - \alpha_E^f A_s(h_0 - x_0) = 0 & (1.6.13) \\[3mm] I_0^f = \dfrac{bx_0^3}{3} + f_y' A_s'/\sigma_c^f(x_0 - a_s')^2 + \alpha_E^f A_s(h_0 - x_0)^2 & (1.6.14) \end{cases}$$

② I 形及翼缘位于受压区的 T 形截面

a. 当 $x_0$ 大于 $h_f'$ 时（图 1.6.1）

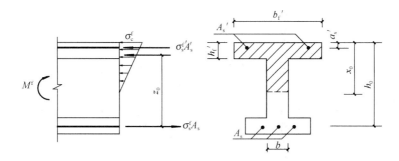

图 1.6.1 钢筋混凝土受弯构件正截面疲劳应力计算

$$\begin{cases} \dfrac{b'_{\rm f} x_0^2}{2} - \dfrac{(b'_{\rm f} - b)\,(x_0 - h'_{\rm f})^2}{2} + f'_{\rm y} A'_{\rm s}/\sigma^{\rm f}_{\rm c}(x_0 - a'_{\rm s}) - \alpha^{\rm f}_{\rm E} A_{\rm s}(h_0 - x_0) = 0 \\ \qquad\qquad\qquad\qquad\qquad\qquad\qquad\qquad\qquad\qquad (1.6.15) \\[6pt] I^{\rm f}_0 = \dfrac{b'_{\rm f} x_0^3}{3} - \dfrac{(b'_{\rm f} - b)\,(x_0 - h'_{\rm f})^3}{3} + f'_{\rm y} A'_{\rm s}/\sigma^{\rm f}_{\rm c}\,(x_0 - a'_{\rm s})^2 + \alpha^{\rm f}_{\rm E} A_{\rm s}\,(h_0 - x_0)^2 \\ \qquad\qquad\qquad\qquad\qquad\qquad\qquad\qquad\qquad\qquad (1.6.16) \end{cases}$$

注：1. $x'_0$、$I^{\rm f}_0$ 的计算，仍可采用上述 $x_0$、$I^{\rm f}_0$ 的相应公式；当弯矩 $M^{\rm f}_{\rm min}$ 与 $M^{\rm f}_{\rm max}$ 的方向相反时，与 $x'_0$、$x_0$ 相应的受压区位置分别在该截面的下侧和上侧；当弯矩 $M^{\rm f}_{\rm min}$ 与 $M^{\rm f}_{\rm max}$ 的方向相同时，可取 $x'_0 = x_0$、$I^{\rm f}_0 = I^{\rm f}_0$。

2. 当纵向受拉钢筋沿截面高度分多层布置时，公式中 $\alpha^{\rm f}_{\rm E} A_{\rm s}(h_0 - x_0)$ 项可用 $\alpha^{\rm f}_{\rm E} \sum\limits_{i=1}^{n} A_{si}(h_{0i} - x_0)$ 代替，$\alpha^{\rm f}_{\rm E} A_{\rm s}(h_0 - x_0)^2$ 项可用 $\alpha^{\rm f}_{\rm E} \sum\limits_{i=1}^{n} A_{si}(h_{0i} - x_0)^2$ 代替，此处，$n$ 为纵向受拉钢筋的总层数，$A_{si}$ 为第 $i$ 层全部纵向钢筋的截面面积。

b. 当 $x_0$ 不大于 $h'_{\rm f}$ 时，按宽度为 $b'_{\rm f}$ 的矩形截面计算。

（4）钢筋混凝土受弯构件斜截面的疲劳验算及剪力的分配应符合下列规定：

1）当截面中和轴处的剪应力符合下列条件时，该区段的剪力全部由混凝土承受：

$$\tau^{\rm f} \leqslant 0.6 f^{\rm f}_{\rm t} \qquad\qquad\qquad (1.6.17)$$

式中：$\tau^{\rm f}$——截面中和轴处的剪应力；

$f^{\rm f}_{\rm t}$——混凝土轴心抗拉疲劳强度设计值。

2）截面中和轴处的剪应力不符合公式（1.6.17）的区段，其剪力应由箍筋和混凝土共同承受。此时，箍筋的应力幅 $\Delta\sigma^{\rm f}_{\rm sv}$ 应符合下列规定：

$$\Delta\sigma^{\rm f}_{\rm sv} \leqslant \Delta f^{\rm f}_{\rm yv} \qquad\qquad\qquad (1.6.18)$$

式中：$\Delta\sigma^{\rm f}_{\rm sv}$——箍筋的应力幅；

$\Delta f^{\rm f}_{\rm yv}$——箍筋的疲劳应力幅限值。

（5）钢筋混凝土受弯构件中和轴处的剪应力应按下列公式计算：

$$\tau^{\mathrm{f}} = \frac{V_{\max}^{\mathrm{f}}}{b z_0} \tag{1.6.19}$$

式中：$V_{\max}^{\mathrm{f}}$——疲劳验算时在相应荷载组合下构件验算截面的最大剪力值；

$b$——矩形截面宽度，T形、I形截面的腹板宽度；

$z_0$——受压区合力点至受拉钢筋合力点的距离。

（6）钢筋混凝土受弯构件斜截面上箍筋的应力幅应按下列公式计算：

$$\begin{cases} \Delta\sigma_{\mathrm{sv}}^{\mathrm{f}} = \dfrac{(\Delta V_{\max}^{\mathrm{f}} - 0.1\eta f_{\mathrm{t}}^{\mathrm{f}} b h_0) s}{A_{\mathrm{sv}} z_0} & (1.6.20) \\[2mm] \Delta V_{\max}^{\mathrm{f}} = V_{\max}^{\mathrm{f}} - V_{\min}^{\mathrm{f}} & (1.6.21) \\[2mm] \eta = \Delta V_{\max}^{\mathrm{f}} / V_{\max}^{\mathrm{f}} & (1.6.22) \end{cases}$$

式中：$\Delta V_{\max}^{\mathrm{f}}$——疲劳验算时构件验算截面的最大剪力幅值；

$V_{\min}^{\mathrm{f}}$——疲劳验算时在相应荷载组合下构件验算截面的最小剪力值；

$\eta$——最大剪力幅相对值；

$s$——箍筋的间距；

$A_{\mathrm{sv}}$——配置在同一截面内箍筋各肢的全部截面面积。

（7）要求不出现裂缝的预应力混凝土受弯构件，其正截面的混凝土、纵向预应力筋和普通钢筋的最小、最大应力和应力幅应按下列公式计算：

1）受拉区或受压区边缘纤维的混凝土应力

$$\begin{cases} \sigma_{\mathrm{c,min}}^{\mathrm{f}} \text{ 或 } \sigma_{\mathrm{c,max}}^{\mathrm{f}} = \sigma_{\mathrm{pc}} + \dfrac{M_{\min}^{\mathrm{f}}}{I_0} y_0 & (1.6.23) \\[3mm] \sigma_{\mathrm{c,max}}^{\mathrm{f}} \text{ 或 } \sigma_{\mathrm{c,min}}^{\mathrm{f}} = \sigma_{\mathrm{pc}} + \dfrac{M_{\max}^{\mathrm{f}}}{I_0} y_0 & (1.6.24) \end{cases}$$

2）受拉区纵向预应力筋的应力及应力幅

$$\begin{cases} \Delta\sigma_{\mathrm{p}}^{\mathrm{f}} = \sigma_{\mathrm{p,max}}^{\mathrm{f}} - \sigma_{\mathrm{p,min}}^{\mathrm{f}} & (1.6.25) \\[3mm] \sigma_{\mathrm{p,min}}^{\mathrm{f}} = \sigma_{\mathrm{pe}} + \alpha_{\mathrm{p_E}} \dfrac{M_{\min}^{\mathrm{f}}}{I_0} y_{0\mathrm{p}} & (1.6.26) \\[3mm] \sigma_{\mathrm{p,max}}^{\mathrm{f}} = \sigma_{\mathrm{pe}} + \alpha_{\mathrm{p_E}} \dfrac{M_{\max}^{\mathrm{f}}}{I_0} y_{0\mathrm{p}} & (1.6.27) \end{cases}$$

3）受拉区纵向普通钢筋的应力及应力幅

$$\begin{cases} \Delta\sigma_{\mathrm{s}}^{\mathrm{f}} = \sigma_{\mathrm{s,max}}^{\mathrm{f}} - \sigma_{\mathrm{s,min}}^{\mathrm{f}} & (1.6.28) \\[3mm] \sigma_{\mathrm{s,min}}^{\mathrm{f}} = \sigma_{\mathrm{s0}} + \alpha_{\mathrm{E}} \dfrac{M_{\min}^{\mathrm{f}}}{I_0} y_{0\mathrm{s}} & (1.6.29) \\[3mm] \sigma_{\mathrm{s,max}}^{\mathrm{f}} = \sigma_{\mathrm{s0}} + \alpha_{\mathrm{E}} \dfrac{M_{\max}^{\mathrm{f}}}{I_0} y_{0\mathrm{s}} & (1.6.30) \end{cases}$$

式中：$\sigma_{\mathrm{c,min}}^{\mathrm{f}}$、$\sigma_{\mathrm{c,max}}^{\mathrm{f}}$——疲劳验算时受拉区或受压区边缘纤维混凝土的最小、最大应力，最小、最大应力以其绝对值进行判别；

$\sigma_{pc}$——扣除全部预应力损失后，由预加力在受拉区或受压区边缘纤维处产生的混凝土法向应力；

$M_{max}^f$、$M_{min}^f$——疲劳验算时同一截面上在相应荷载组合下产生的最大、最小弯矩值；

$\alpha_{pE}$——预应力钢筋弹性模量与混凝土弹性模量的比值：$\alpha_{pE} = E_s / E_c$；

$I_0$——换算截面的惯性矩；

$y_0$——受拉区边缘或受压区边缘至换算截面重心的距离；

$\sigma_{p,min}^f$、$\sigma_{p,max}^f$——疲劳验算时受拉区最外层预应力筋的最小、最大应力；

$\Delta\sigma_p^f$——疲劳验算时受拉区最外层预应力筋的应力幅；

$\sigma_{pe}$——扣除全部预应力损失后受拉区最外层预应力筋的有效预应力；

$y_{0s}$、$y_{0p}$——受拉区最外层普通钢筋、预应力筋截面重心至换算截面重心的距离；

$\sigma_{s,min}^f$、$\sigma_{s,max}^f$——疲劳验算时受拉区最外层普通钢筋的最小、最大应力；

$\Delta\sigma_s^f$——疲劳验算时受拉区最外层普通钢筋的应力幅；

$\sigma_{s0}$——消压弯矩 $M_{p0}$ 作用下受拉区最外层普通钢筋中产生的应力；此处，$M_{p0}$ 为受拉区最外层普通钢筋重心处的混凝土法向预加应力等于零时的相应弯矩值。

注：公式中的 $\sigma_{pc}$、$(M_{min}^f / I_0) y_0$、$(M_{max}^f / I_0) y_0$ 当为拉应力时以正值代入；当为压应力时以负值代入；公式中的 $\sigma_{s0}$ 以负值代入。

（8）预应力混凝土受弯构件斜截面混凝土的主拉应力应符合下列规定：

$$\sigma_{tp}^f \leqslant f_t^f \qquad (1.6.31)$$

式中：$\sigma_{tp}^f$——预应力混凝土受弯构件斜截面疲劳验算纤维处的混凝土主拉应力。

# 2　正常使用极限状态验算

## 2.1　裂缝控制验算

（1）钢筋混凝土和预应力混凝土构件，应按下列规定进行受拉边缘应力或正截面裂缝宽度验算：

1）一级裂缝控制等级构件，在荷载标准组合下，受拉边缘应力应符合下列规定：

$$\sigma_{ck} - \sigma_{pc} \leqslant 0 \tag{2.1.1}$$

2）二级裂缝控制等级构件，在荷载标准组合下，受拉边缘应力应符合下列规定：

$$\sigma_{ck} - \sigma_{pc} \leqslant f_{tk} \tag{2.1.2}$$

3）三级裂缝控制等级时，钢筋混凝土构件的最大裂缝宽度可按荷载准永久组合并考虑长期作用影响的效应计算，预应力混凝土构件的最大裂缝宽度可按荷载标准组合并考虑长期作用影响的效应计算。最大裂缝宽度应符合下列规定：

$$w_{max} \leqslant w_{lin} \tag{2.1.3}$$

对环境类别为二 a 类的预应力混凝土构件，在荷载准永久组合下，受拉边缘应力尚应符合下列规定：

$$\sigma_{cq} - \sigma_{pc} \leqslant f_{tk} \tag{2.1.4}$$

式中：$\sigma_{ck}$、$\sigma_{cq}$——荷载标准组合、准永久组合下抗裂验算边缘的混凝土法向应力；

$\sigma_{pc}$——扣除全部预应力损失后在抗裂验算边缘混凝土的预压应力；

$f_{tk}$——混凝土轴心抗拉强度标准值；

$w_{max}$——按荷载的标准组合或准永久组合并考虑长期作用影响计算的最大裂缝宽度；

$w_{lin}$——最大裂缝宽度限值。

（2）在矩形、T 形、倒 T 形和 I 形截面的钢筋混凝土受拉、受弯和偏心受压构件及预应力混凝土轴心受拉和受弯构件中，按荷载标准组合或准永久组合并考虑长期作用影响的最大裂缝宽度可按下列公式计算：

$$w_{max} = \alpha_{cr} \psi \frac{\sigma_s}{E_s} \left( 1.9 c_s + 0.08 \frac{d_{eq}}{\rho_{te}} \right) \tag{2.1.5}$$

$$\psi = 1.1 - 0.65 \frac{f_{ck}}{\rho_{te}\sigma_s} \qquad (2.1.6)$$

$$d_{eq} = \frac{\sum n_i d_i^2}{\sum n_i v_i d_i} \qquad (2.1.7)$$

$$\rho_{te} = \frac{A_s + A_p}{A_{te}} \qquad (2.1.8)$$

式中：$\alpha_{cr}$ ——构件受力特征系数，按表 2.1.1 采用；

$\psi$ ——裂缝间纵向受拉钢筋应变不均匀系数：当 $\psi < 0.2$ 时，取 $\psi = 0.2$；当 $\psi > 1.0$ 时，取 $\psi = 1.0$；对直接承受重复荷载的构件，取 $\psi = 1.0$；

$\sigma_s$ ——按荷载准永久组合计算的钢筋混凝土构件纵向受拉普通钢筋应力或按标准组合计算的预应力混凝土构件纵向受拉钢筋等效应力；

$E_s$ ——钢筋的弹性模量；

$c_s$ ——最外层纵向受拉钢筋外边缘至受拉区底边的距离（mm）：当 $c_s < 20$ 时，取 $c_s = 20$；当 $c_s > 65$ 时，取 $c_s = 65$；

$\rho_{te}$ ——按有效受拉混凝土截面面积计算的纵向受拉钢筋配筋率；对无粘结后张构件，仅取纵向受拉普通钢筋计算配筋率；在最大裂缝宽度计算中，当 $\rho_{te} < 0.01$ 时，取 $\rho_{te} = 0.01$；

$A_{te}$ ——有效受拉混凝土截面面积：对轴心受拉构件，取构件截面面积；对受弯、偏心受压和偏心受拉构件，取 $A_{te} = 0.5bh + (b_f - b)h_f$，此处，$b_f$、$h_f$ 为受拉翼缘的宽度、高度；

$A_s$ ——受拉区纵向普通钢筋截面面积；

$A_p$ ——受拉区纵向预应力筋截面面积；

$d_{eq}$ ——受拉区纵向钢筋的等效直径（mm）；对无粘结后张构件，仅为受拉区纵向受拉普通钢筋的等效直径（mm）；

$d_i$ ——受拉区第 $i$ 种纵向钢筋的公称直径；对于有粘结预应力钢绞线束的直径取为 $\sqrt{n_1}d_{p1}$，其中 $d_{p1}$ 为单根钢绞线的公称直径，$n_1$ 为单束钢绞线根数；

$n_i$ ——受拉区第 $i$ 种纵向钢筋的根数；对于有粘结预应力钢绞线，取为钢绞线束数；

$v_i$ ——受拉区第 $i$ 种纵向钢筋的相对粘结特性系数，按表 2.1.2 采用。

注：1. 对承受吊车荷载但不需做疲劳验算的受弯构件，可将计算求得的最大裂缝宽度乘以系数 0.85。

2. 当梁的混凝土保护层厚度大于 50mm 且配置表层钢筋网片，且符合下列规定：
   （1）表层钢筋宜采用焊接网片；其直径不宜大于 8mm、间距不应大于 150mm；网片应配置在梁底和梁侧，梁侧的网片钢筋应延伸到梁高的 2/3 处。（2）两个方向上表层网片钢筋的截面面积均不应小于相应混凝土保护层（图 2.1.1 阴影部分）面积的 1%，可将计算求得的最大裂缝宽度适当折减，折减系数可取 0.7。

3. 对 $e_0/h_0 \leqslant 0.55$ 的偏心受压构件，可不验算裂缝宽度。

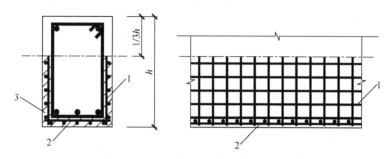

图 2.1.1　表层钢筋配置筋构造要求

1—梁侧表层钢筋网片；2—梁底表层钢筋网片；3—配置网片钢筋区域

**构件受力特征系数**　　　　　　　　　　　表 2.1.1

| 类型 | $\alpha_{cr}$ | |
|---|---|---|
| | 钢筋混凝土构件 | 预应力混凝土构件 |
| 受弯、偏心受压 | 1.9 | 1.5 |
| 偏心受拉 | 2.4 | — |
| 轴心受拉 | 2.7 | 2.2 |

**钢筋的相对粘结特性系数**　　　　　　　　　表 2.1.2

| 钢筋类别 | 钢筋 | | 先张法预应力筋 | | | 后张法预应力筋 | | |
|---|---|---|---|---|---|---|---|---|
| | 光圆钢筋 | 带肋钢筋 | 带肋钢筋 | 螺旋肋钢丝 | 钢绞线 | 带肋钢筋 | 钢绞线 | 光面钢丝 |
| $v_i$ | 0.7 | 1.0 | 1.0 | 0.8 | 0.6 | 0.8 | 0.5 | 0.4 |

注：对环氧树脂涂层带肋钢筋，其相对粘结特性系数应按表中系数的 80% 取用。

（3）在荷载准永久组合或标准组合下，钢筋混凝土构件受拉区纵向普通钢筋的应力或预应力混凝土构件受拉区纵向钢筋的等效应力也可按下列公式计算：

1）钢筋混凝土构件受拉区纵向普通钢筋的应力

① 轴心受拉构件　　　　　　$\sigma_{sq} = \dfrac{N_q}{A_s}$　　　　　　　　　（2.1.9）

② 偏心受拉构件　　　　　　$\sigma_{sq} = \dfrac{N_q e'}{A_s(h_0 - a'_s)}$　　　　　（2.1.10）

③ 受弯构件　　　　　　　　$\sigma_{sq} = \dfrac{M_q}{0.87 h_0 A_s}$　　　　　　（2.1.11）

④ 偏心受压构件

$$\sigma_{sq} = \frac{N_q(e-z)}{A_s z} \tag{2.1.12}$$

$$z = \left[0.87 - 0.12(1-\gamma_f') \left(\frac{h_0}{e}\right)^2\right] h_0 \tag{2.1.13}$$

$$e = \eta_s e_0 + y_s \tag{2.1.14}$$

$$\gamma_f' = \frac{(b_f'-b)h_f'}{bh_0} \tag{2.1.15}$$

$$\eta_s = 1 + \frac{1}{4000 e_0/h_0} \left(\frac{l_0}{h}\right)^2 \tag{2.1.16}$$

式中：$A_s$——受拉区纵向普通钢筋截面面积；对轴心受拉构件，取全部纵向普通钢筋截面面积；对偏心受拉构件，取受拉较大边的纵向普通钢筋截面面积；对受弯、偏心受压构件，取受拉区纵向普通钢筋截面面积；

$N_q$、$M_q$——按荷载准永久组合计算的轴向力值、弯矩值；

$e'$——轴向拉力作用点至受压区或受拉较小边纵向普通钢筋合力点的距离；

$e$——轴向压力作用点至纵向受拉普通钢筋合力点的距离；

$e_0$——荷载准永久组合下的初始偏心距，取为 $M_q/N_q$；

$z$——纵向受拉普通钢筋合力点至截面受压区合力点的距离，且不大于 $0.87 h_0$；

$\eta_s$——使用阶段的轴向压力偏心距增大系数，当 $l_0/h$ 不大于 14 时，取 1.0；

$y_s$——截面重心至纵向受拉普通钢筋合力点的距离；

$\gamma_f'$——受压翼缘截面面积与腹板有效截面面积的比值；

$b_f'$、$h_f'$——分别为受压区翼缘的宽度、高度；当 $h_f'$ 大于 $0.2 h_0$ 时，取 $0.2 h_0$。

2）预应力混凝土构件受拉区纵向钢筋的等效应力

① 轴心受拉构件

$$\sigma_{sk} = \frac{N_k - N_{p0}}{A_p + A_s} \tag{2.1.17}$$

$$N_{p0} = \sigma_{p0} A_p + \sigma_{p0}' A_p' - \sigma_{l5} A_s - \sigma_{l5}' A_s' \tag{2.1.18}$$

② 受弯构件

$$\sigma_{sk} = \frac{M_k - N_{p0}(z-e_p)}{(\alpha_1 A_p + A_s)z} \tag{2.1.19}$$

$$e = e_p + \frac{M_k}{N_{p0}} \tag{2.1.20}$$

$$e_p = y_{ps} - e_{p0} \tag{2.1.21}$$

$$e_{p0} = \frac{\sigma_{p0} A_p y_p - \sigma_{p0}' A_p' y_p' - \sigma_{l5} A_s y_s - \sigma_{l5}' A_s' y_s'}{\sigma_{p0} A_p + \sigma_{p0}' A_p' - \sigma_{l5} A_s - \sigma_{l5}' A_s'} \tag{2.1.22}$$

式中：$A_p$ ——受拉区纵向预应力筋截面面积：对轴心受拉构件，取全部纵向预应力筋截面面积；对受弯构件，取受拉区纵向预应力筋截面面积；

$N_{p0}$ ——计算截面上混凝土法向预应力等于零时的预加力；

$N_k$、$M_k$ ——按荷载标准组合计算的轴向力值、弯矩值；

$z$ ——受拉区纵向普通钢筋和预应力筋合力点至截面受压区合力点的距离；

$\alpha_1$ ——无粘结预应力筋的等效折减系数，取 $\alpha_1$ 为 0.3；对灌浆的后张预应力筋，取 $\alpha_1$ 为 1.0；

$e_p$ ——计算截面上混凝土法向预应力等于零时的预加力 $N_{p0}$ 的作用点至受拉区纵向预应力筋和普通钢筋合力点的距离；

$y_{ps}$ ——受拉区纵向预应力筋和普通钢筋合力点的偏心距；

$e_{p0}$ ——计算截面上混凝土法向预应力等于零时的预加力 $N_{p0}$ 作用点的偏心距；

$\sigma_{p0}$、$\sigma'_{p0}$ ——受拉区、受压区预应力筋合力点处混凝土法向应为等于零时的预应力筋应力；

$A_p$、$A'_p$ ——受拉区、受压区纵向预应力筋的截面面积；

$A_s$、$A'_s$ ——受拉区、受压区纵向普通钢筋的截面面积；

$y_p$、$y'_p$ ——受拉区、受压区预应力合力点至换算截面重心的距离；

$y_s$、$y'_s$ ——受拉区、受压区普通钢筋重心至换算截面重心的距离；

$\sigma_{l5}$、$\sigma'_{l5}$ ——受拉区、受压区预应力筋在各自合力点处混凝土收缩和徐变引起的预应力损失值。

（4）在荷载标准组合和准永久组合下，抗裂验算时截面边缘混凝土的法向应力应按下列公式计算：

1）轴心受拉构件

$$\sigma_{ck} = \frac{N_k}{A_0} \tag{2.1.23}$$

$$\sigma_{cq} = \frac{N_q}{A_0} \tag{2.1.24}$$

2）受弯构件

$$\sigma_{ck} = \frac{M_k}{W_0} \tag{2.1.25}$$

$$\sigma_{cq} = \frac{M_q}{W_0} \tag{2.1.26}$$

3）偏心受拉和偏心受压构件

$$\left\{\begin{aligned} \sigma_{ck} &= \frac{M_k}{W_0} + \frac{N_k}{A_0} && (2.1.27) \\[2ex] \sigma_{cq} &= \frac{M_q}{W_0} + \frac{N_q}{A_0} && (2.1.28) \end{aligned}\right.$$

式中：$A_0$——构件换算截面面积；

$\quad\quad W_0$——构件换算截面受拉边缘的弹性抵抗矩。

（5）预应力混凝土受弯构件应分别对截面上的混凝土主拉应力和主压应力进行验算：

1）混凝土主拉应力

① 一级裂缝控制等级构件： $\sigma_{tp} \leqslant 0.85 f_{tk}$ $\quad\quad\quad$ (2.1.29)

② 二级裂缝控制等级构件： $\sigma_{tp} \leqslant 0.95 f_{tk}$ $\quad\quad\quad$ (2.1.30)

2）混凝土主压应力

对一、二级裂缝控制等级构件，均应符合下列规定：

$$\left\{\begin{aligned} & \sigma_{cp} \leqslant 0.60 f_{tk} && (2.1.31) \\[2ex] & \left.\begin{aligned}\sigma_{tp}\\ \sigma_{cp}\end{aligned}\right\} = \frac{\sigma_x + \sigma_y}{2} \pm \sqrt{\left(\frac{\sigma_x - \sigma_y}{2}\right)^2 + \tau^2} && (2.1.32) \\[2ex] & \sigma_x = \sigma_{pc} + \frac{M_k y_0}{I_0} && (2.1.33) \\[2ex] & \tau = \frac{(V_k - \sum \sigma_{pe} A_{ph} \sin\alpha_p) S_0}{I_0 b} && (2.1.34) \end{aligned}\right.$$

先张法构件由预加力产生的混凝土法向应力：

$$\sigma_{pc} = \frac{N_{p0}}{A_0} \pm \frac{N_{p0} e_{p0}}{I_0} y_0 \quad\quad\quad (2.1.35)$$

后张法构件由预加力产生的混凝土法向应力：

$$\left\{\begin{aligned} & \sigma_{pc} = \frac{N_p}{A_0} \pm \frac{N_p e_{pn}}{I_n} y_n + \sigma_{p2} && (2.1.36) \\[2ex] & e_{pn} = \frac{\sigma_{pe} A_p y_{pn} - \sigma'_{pe} A'_p y'_{pn} - \sigma_{l5} A_s y_{sn} + \sigma'_{l5} A'_s y'_{sn}}{\sigma_{pe} A_p + \sigma'_{pe} A'_p - \sigma_{l5} A_s - \sigma'_{l5} A'_s} && (2.1.37) \end{aligned}\right.$$

式中：$\sigma_{tp}$、$\sigma_{cp}$——分别为混凝土的主拉应力、主压应力；

$\quad\quad \sigma_x$——由预加力和弯矩值 $M_k$ 在计算纤维处产生的混凝土法向应力；

$\quad\quad \sigma_y$——由集中荷载标准值 $F_k$ 产生的混凝土竖向压应力；

$\quad\quad \tau$——由剪力值 $V_k$ 和弯起预应力筋的预加力在计算纤维处产生的混

凝土剪应力；当计算截面上有扭矩作用时，尚应计入扭矩引起的剪应力；对超静定后张法预应力混凝土结构构件，在计算剪应力时，尚应计入预加力引起的次剪力；

$\sigma_{pc}$ —— 扣除全部预应力损失后，在计算纤维处由预加力产生的混凝土法向应力；

$y_0$ —— 换算截面重心至计算纤维处的距离；

$V_k$ —— 按荷载标准组合计算的剪力值；

$S_0$ —— 计算纤维以上部分的换算截面面积对构件换算截面重心的面积矩；

$\sigma_{pe}$ —— 弯起预应力筋的有效预应力；

$A_{pb}$ —— 计算截面上同一弯起平面内的弯起预应力筋的截面面积；

$\alpha_p$ —— 计算截面上弯起预应力筋的切线与构件纵向轴线的夹角；

$A_n$ —— 净截面面积，即扣除孔道、凹槽等削弱部分以外的混凝土全部截面面积及纵向非预应力筋截面面积换算成混凝土的截面面积之和；对由不同混凝土强度等级组成的截面，应根据混凝土弹性模量比值换算成同一混凝土强度等级的截面面积；

$A_0$ —— 换算截面面积：包括净截面面积以及全部纵向预应力筋截面面积换算成混凝土的截面面积；

$I_0$、$I_n$ —— 换算截面惯性矩、净截面惯性矩；

$e_{p0}$、$e_{pn}$ —— 换算截面重心、净截面重心至预加力作用点的距离；

$y_0$、$y_n$ —— 换算截面重心、净截面重心至所计算纤维处的距离；

$N_{p0}$、$N_p$ —— 先张法构件、后张法构件的预加力；

$\sigma_{p2}$ —— 由预应力次内力引起的混凝土截面法向应力；

$\sigma_{pe}$、$\sigma'_{pe}$ —— 受拉区、受压区预应力筋的有效预应力；

$A_p$、$A'_p$ —— 受拉区、受压区纵向预应力筋的截面面积；

$A_s$、$A'_s$ —— 受拉区、受压区纵向普通钢筋的截面面积；

$\sigma_{l5}$、$\sigma'_{l5}$ —— 受拉区、受压区预应力筋在各自合力点处混凝土收缩和徐变引起的预应力损失值；

$y_{pn}$、$y'_{pn}$ —— 受拉区、受压区预应力合力点至净截面重心的距离；

$y_{sn}$、$y'_{sn}$ —— 受拉区、受压区普通钢筋重心至净截面重心的距离。

注：公式中的 $\sigma_x$、$\sigma_y$、$\sigma_{pc}$ 和 $M_k y_0 / I_0$，当为拉应力时，以正值代入；当为压应力时，以负值代入。

（6）对预应力混凝土吊车梁，在集中力作用点两侧各 $0.6h$ 的长度范围内，由集中荷载标准值 $F_k$ 产生的混凝土竖向压应力和剪应力的简化分布可按图 2.1.2 确定，其应力的最大值可按下列公式计算：

$$\sigma_{y,max} = \frac{0.6 F_k}{bh} \tag{2.1.38}$$

$$\tau_F = \frac{\tau^l - \tau^r}{2} \tag{2.1.39}$$

$$\tau^l = \frac{V_k^l S_0}{I_0 b} \tag{2.1.40}$$

$$\tau^r = \frac{V_k^r S_0}{I_0 b} \tag{2.1.41}$$

式中：$\tau^l$、$\tau^r$ ——分别为位于集中荷载标准值 $F_k$ 作用点左侧、右侧 $0.6h$ 处截面上的剪应力；

$\quad\quad\tau_F$ ——集中荷载标准值 $F_k$ 作用截面上的剪应力；

$V_k^l$、$V_k^r$ ——分别为集中荷载标准值 $F_k$ 作用点左侧、右侧截面上的剪力标准值。

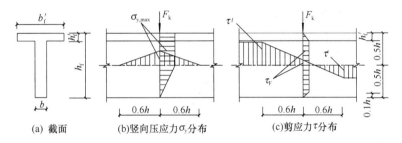

图 2.1.2　预应力混凝土吊车梁集中力作用点附近的应力分布

## 2.2　受弯构件挠度验算

（1）矩形、T 形、倒 T 形和 I 形截面受弯构件考虑荷载长期作用影响的刚度 $B$ 可按下列规定计算：

1）采用荷载标准组合时

$$B = \frac{M_k}{M_q(\theta - 1) + M_k} B_s \tag{2.2.1}$$

2）采用荷载准永久组合时

$$B = \frac{B_s}{\theta} \tag{2.2.2}$$

式中：$M_k$ ——按荷载的标准组合计算的弯矩，取计算区段内的最大弯矩值；

$\quad\quad M_q$ ——按荷载的准永久组合计算的弯矩，取计算区段内的最大弯矩值；

$\quad\quad B_s$ ——按荷载准永久组合计算的钢筋混凝土受弯构件或按标准组合计算

的预应力混凝土受弯构件的短期刚度；

$\theta$ ——考虑荷载长期作用对挠度增大的影响系数，钢筋混凝土受弯构件，
当 $\rho' = 0$ 时，取 $\theta = 2.0$；当 $\rho' = \rho$ 时，取 $\theta = 1.6$；当 $\rho'$ 为中间数
值时，$\theta$ 按线性内插法取用。此处，$\rho' = A'_s/(bh_0)$，$\rho = A_s/(bh_0)$，
对翼缘位于受拉区的倒 T 形截面，$\theta$ 应增加 20%。预应力混凝土受
弯构件，取 $\theta = 2.0$。

（2）按裂缝控制等级要求的荷载组合作用下，钢筋混凝土受弯构件和预应力
混凝土受弯构件的短期刚度 $B_s$，可按下列公式计算：

1）钢筋混凝土受弯构件

$$B_s = \frac{E_s A_s h_0^2}{1.15\psi + 0.2 + \dfrac{6\alpha_E \rho}{1 + 3.5\gamma_f}} \tag{2.2.3}$$

2）预应力混凝土受弯构件

① 要求不出现裂缝的构件

$$B_s = 0.85 E_c I_0 \tag{2.2.4}$$

② 允许出现裂缝的构件

$$\left\{\begin{array}{l} B_s = \dfrac{0.85 E_c I_0}{\kappa_{cr} + (1 - \kappa_{cr})\omega} \tag{2.2.5} \\[3mm] \kappa_{cr} = \dfrac{M_{cr}}{M_k} \tag{2.2.6} \\[3mm] \omega = \left(1.0 + \dfrac{0.21}{\alpha_E \rho}\right)(1 + 0.45\gamma_f) - 0.7 \tag{2.2.7} \\[3mm] M_{cr} = (\sigma_{pc} + \gamma f_{tk})W_0 \tag{2.2.8} \\[3mm] \gamma_f = \dfrac{(b_f - b)h_f}{bh_0} \tag{2.2.9} \end{array}\right.$$

式中：$\psi$ ——裂缝间纵向受拉普通钢筋应变不均匀系数；

$\alpha_E$ ——钢筋弹性模量与混凝土弹性模量的比值，即 $E_s/E_c$；

$\rho$ ——纵向受拉钢筋配筋率：对钢筋混凝土受弯构件，取为 $A_s/(bh_0)$；对
预应力混凝土受弯构件，取为 $(\alpha_1 A_p + A_s)/(bh_0)$，对灌浆的后张预
应力筋，取 $\alpha_1 = 1.0$，对无粘结后张预应力筋，取 $\alpha_1 = 0.3$；

$I_0$ ——换算截面惯性矩；

$\gamma_f$ ——受拉翼缘截面面积与腹板有效截面面积的比值；

$b_f$、$h_f$ ——分别为受拉区翼缘的宽度、高度；

$\kappa_{cr}$ ——预应力混凝土受弯构件正截面的开裂弯矩 $M_{cr}$ 与弯矩 $M_k$ 的比值，当
$\kappa_{cr} > 1.0$ 时，取 $\kappa_{cr} = 1.0$；

$\sigma_{pc}$ ——扣除全部预应力损失后，由预加力在抗裂验算边缘产生的混凝土预

压应力;

$\gamma$ ——混凝土构件的截面抵抗矩塑性影响系数。

注:对预压时预拉区出现裂缝的构件,$B_s$ 应降低 10%。

（3）混凝土构件的截面抵抗矩塑性影响系数,可按下列公式计算:

$$\gamma = \left(0.7 + \frac{120}{h}\right)\gamma_m \qquad (2.2.10)$$

式中:$\gamma_m$ ——混凝土构件的截面抵抗矩塑性影响系数基本值,可按正截面应变保持平面的假定,并取受拉区混凝土应力图形为梯形、受拉边缘混凝土极限拉应变为 $2f_{tk}/E_c$ 确定;对常用的截面形状,$\gamma_m$ 值可按表 2.2.1 取用;

　　　　$h$ ——截面高度（mm）:当 $h < 400$ 时,取 $h = 400$;当 $h > 1600$ 时,取 $h = 1600$;对圆形、环形截面,取 $h = 2r$,此处,$r$ 为圆形截面半径或环形截面的外环半径。

**截面抵抗矩塑性影响系数基本值 $\gamma_m$** 　　　　　　　表 2.2.1

| 项次 | 1 | 2 | 3 | | 4 | | 5 |
|------|---|---|-----|-----|-----|-----|-----|
| 截面形状 | 矩形 | 翼缘位于受压区的 T 形截面 | 对称 I 形截面或箱形截面 | | 翼缘位于受拉区的倒 T 形截面 | | 圆形和环形截面 |
| | | | $b_f/b \leqslant 2$、$h_f/h$ 为任意值 | $b_f/b > 2$、$h_f/h < 0.2$ | $b_f/b \leqslant 2$、$h_f/h$ 为任意值 | $b_f/b > 2$、$h_f/h < 0.2$ | |
| $\gamma_m$ | 1.55 | 1.50 | 1.45 | 1.35 | 1.50 | 1.40 | $1.6 - 0.24 r_1/r$ |

注:1. 对 $b_f' > b_f$ 的 I 形截面,可按项次 2 与项次 3 之间的数值采用;对 $b_f' < b_f$ 的 I 形截面,可按项次 3 与项次 4 之间的数值采用;

　　2. 对于箱形截面,$b$ 系指各肋宽度的总和;

　　3. $r_1$ 为环形截面的内环半径,对圆形截面取 $r_1$ 为零。

# 3 预应力混凝土结构构件

## 3.1 一般规定

（1）预应力筋的张拉控制应力 $\sigma_{con}$ 应符合下列规定：

1）消除应力钢丝、钢绞线

$$\sigma_{con} \leqslant 0.75 f_{ptk} \tag{3.1.1}$$

2）中强度预应力钢丝

$$\sigma_{con} \leqslant 0.70 f_{ptk} \tag{3.1.2}$$

3）预应力螺纹钢筋

$$\sigma_{con} \leqslant 0.85 f_{pyk} \tag{3.1.3}$$

式中：$f_{ptk}$ ——预应力筋极限强度标准值；

$f_{pyk}$ ——预应力螺纹钢筋屈服强度标准值。

注：1. 消除应力钢丝、钢绞线、中强度预应力钢丝的张拉控制应力值不应小于 $0.4 f_{ptk}$；预应力螺纹钢筋的张拉应力控制值不宜小于 $0.5 f_{pyk}$。

2. 当符合下列情况之一时，预应力筋的张拉控制应力限值可相应提高 $0.05 f_{ptk}$ 或 $0.05 f_{pyk}$：

（1）要求提高构件在施工阶段的抗裂性能而在使用阶段受压区内设置的预应力筋；

（2）要求部分抵消由于应力松弛、摩擦、钢筋分批张拉以及预应力筋与张拉台座之间的温差等因素产生的预应力损失。

消除应力钢丝、钢绞线

$$\sigma_{con} \leqslant 0.80 f_{ptk} \tag{3.1.4}$$

中强度预应力钢丝

$$\sigma_{con} \leqslant 0.75 f_{ptk} \tag{3.1.5}$$

预应力螺纹钢筋

$$\sigma_{con} \leqslant 0.90 f_{pyk} \tag{3.1.6}$$

式中：$f_{ptk}$ ——预应力筋极限强度标准值；

$f_{pyk}$ ——预应力螺纹钢筋屈服强度标准值。

（2）后张法预应力混凝土超静定结构，由预应力引起的内力和变形可采用弹性理论分析，并宜符合下列规定：

$$\begin{cases} M_2 = M_r - M_1 & (3.1.7) \\ M_1 = N_p e_{pn} & (3.1.8) \end{cases}$$

46

式中：$N_p$ ——后张法预应力混凝土构件的预加力；

$e_{pn}$ ——净截面重心至预加力作用点的距离；

$M_1$ ——预加力 $N_p$ 对净截面重心偏心引起的弯矩值；

$M_r$ ——由预加力 $N_p$ 的等效荷载在结构构件截面上产生的弯矩值。

注：次剪力可根据构件次弯矩的分布分析计算，次轴力宜根据结构的约束条件进行计算。

（3）由预加力产生的混凝土法向应力及相应阶段预应力筋的应力，可分别按下列公式计算：

1）先张法构件

$$\sigma_{pc} = \frac{N_{p0}}{A_0} \pm \frac{N_{p0}e_{p0}}{I_0}y_0 \tag{3.1.9}$$

$$\sigma_{pe} = \sigma_{con} - \sigma_l - \alpha_E\sigma_{pc} \tag{3.1.10}$$

$$\sigma_{p0} = \sigma_{con} - \sigma_l \tag{3.1.11}$$

2）后张法构件

$$\sigma_{pc} = \frac{N_p}{A_n} \pm \frac{N_p e_{pn}}{I_n}y_n + \sigma_{p2} \tag{3.1.12}$$

$$\sigma_{pe} = \sigma_{con} - \sigma_l \tag{3.1.13}$$

$$\sigma_{p0} = \sigma_{con} - \sigma_l + \alpha_E\sigma_{pc} \tag{3.1.14}$$

式中：$A_n$ ——净截面面积，即扣除孔道、凹槽等削弱部分以外的混凝土全部截面面积及纵向非预应力筋截面面积换算成混凝土的截面面积之和；对由不同混凝土强度等级组成的截面，应根据混凝土弹性模量比值换算成同一混凝土强度等级的截面面积；

$A_0$ ——换算截面面积：包括净截面面积以及全部纵向预应力筋截面面积换算成混凝土的截面面积；

$I_0$、$I_n$ ——换算截面惯性矩、净截面惯性矩；

$e_{p0}$、$e_{pn}$ ——换算截面重心、净截面重心至预加力作用点的距离；

$y_0$、$y_n$ ——换算截面重心、净截面重心至所计算纤维处的距离；

$\sigma_l$ ——相应阶段的预应力损失值；

$\alpha_E$ ——钢筋弹性模量与混凝土弹性模量的比值：$\alpha_E = E_s/E_c$；

$N_{p0}$、$N_p$ ——先张法构件、后张法构件的预加力；

$\sigma_{p2}$ ——由预应力次内力引起的混凝土截面法向应力。

注：在公式（3.1.9）、公式（3.1.12）中，右边第二项与第一项的应力方向相同时取加号，相反时取减号；公式（3.1.10）、公式（3.1.14）适用于 $\sigma_{pc}$ 为压应力的情况，当 $\sigma_{pc}$ 为拉应力时，应以负值代入。

（4）预加力及其作用点的偏心距（图3.1.1）宜按下列公式计算：

1）先张法构件

$$N_{p0} = \sigma_{p0} A_p + \sigma'_{p0} A'_p - \sigma_{l5} A_s - \sigma'_{l5} A'_s \tag{3.1.15}$$

$$e_{p0} = \frac{\sigma_{p0} A_p y_p - \sigma'_{p0} A'_p y'_p - \sigma_{l5} A_s y_s - \sigma'_{l5} A'_s y'_s}{\sigma_{p0} A_p + \sigma'_{p0} A'_p - \sigma_{l5} A_s - \sigma'_{l5} A'_s} \tag{3.1.16}$$

2）后张法构件：

$$N_p = \sigma_{pe} A_p + \sigma'_{pe} A'_p - \sigma_{l5} A_s - \sigma'_{l5} A'_s \tag{3.1.17}$$

$$e_{pn} = \frac{\sigma_{pe} A_p y_{pn} - \sigma'_{pe} A'_p y'_{pn} - \sigma_{l5} A_s y_{sn} - \sigma'_{l5} A'_s y'_{sn}}{\sigma_{pe} A_p + \sigma'_{pe} A'_p - \sigma_{l5} A_s - \sigma'_{l5} A'_s} \tag{3.1.18}$$

式中：$\sigma_{p0}$、$\sigma'_{p0}$——受拉区、受压区预应力筋合力点处混凝土法向应为等于零时的预应力筋应力；

$\sigma_{pe}$、$\sigma'_{pe}$——受拉区、受压区预应力筋的有效预应力；

$A_p$、$A'_p$——受拉区、受压区纵向预应力筋的截面面积；

$A_s$、$A'_s$——受拉区、受压区纵向普通钢筋的截面面积；

$y_p$、$y'_p$——受拉区、受压区预应力合力点至换算截面重心的距离；

$y_s$、$y'_s$——受拉区、受压区普通钢筋重心至换算截面重心的距离；

$\sigma_{l5}$、$\sigma'_{l5}$——受拉区、受压区预应力筋在各自合力点处混凝土收缩和徐变引起的预应力损失值；

$y_{pn}$、$y'_{pn}$——受拉区、受压区预应力合力点至净截面重心的距离；

$y_{sn}$、$y'_{sn}$——受拉区、受压区普通钢筋重心至净截面重心的距离。

注：1. 当公式（3.1.15）～公式（3.1.18）中的 $A'_p = 0$ 时，可取式中 $\sigma'_{l5} = 0$；

2. 当计算次内力时，公式（3.1.17）、公式（3.1.18）中的 $\sigma_{l5}$ 和 $\sigma'_{l5}$ 可近似取零。

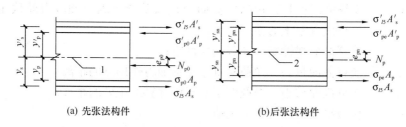

(a) 先张法构件　　　　　　　　　(b) 后张法构件

图3.1.1　预加力作用点位置

1—换算截面重心轴；2—净截面重心轴

（5）对允许出现裂缝的后张法有粘结预应力混凝土框架梁及连续梁，在重力荷载作用下按承载能力极限状态计算时，可考虑内力重分布，并应满足正常使用极限状态验算要求。当截面相对受压区高度 $\xi$ 不小于 0.1 且不大于 0.3 时，其任一跨内的支座截面最大负弯矩设计值可按下列公式确定：

$$M = (1-\beta)(M_{GQ} + M_2) \tag{3.1.19}$$

$$\beta = 0.2(1 - 2.5\xi) \tag{3.1.20}$$

且调幅幅度不宜超过重力荷载下弯矩设计值的 20%。

式中：$M$ ——支座控制截面弯矩设计值；

$\quad\quad M_{GQ}$ ——控制截面按弹性分析计算的重力荷载弯矩设计值；

$\quad\quad \xi$ ——截面相对受压区高度；

$\quad\quad \beta$ ——弯矩调幅系数。

（6）先张法构件预应力筋的预应力传递长度 $l_{tr}$，应按下列公式计算：

$$l_{tr} = \alpha \frac{\sigma_{pe}}{f'_{tk}} d \tag{3.1.21}$$

式中：$\sigma_{pe}$ ——放张时预应力筋的有效预应力；

$\quad\quad d$ ——预应力筋的公称直径；

$\quad\quad f'_{tk}$ ——与放张时混凝土立方体抗压强度 $f'_{cu}$ 相应的轴心抗拉强度标准值；

$\quad\quad \alpha$ ——预应力筋的外形系数，按表 3.1.1 采用。

锚固钢筋的外形系数 $\alpha$          表 3.1.1

| 钢筋类型 | 光面钢筋 | 带肋钢筋 | 螺旋肋钢丝 | 三股钢绞线 | 七股钢绞线 |
|---|---|---|---|---|---|
| $\alpha$ | 0.16 | 0.14 | 0.13 | 0.16 | 0.17 |

注：光面钢筋末端应做 180° 弯钩，弯后平直段长度不应小于 $3d$，但作受压钢筋时可不做弯钩。

（7）对制作、运输及安装等施工阶段预拉区允许出现拉应力的构件，或预压时全截面受压的构件，在预加力、自重及施工荷载作用下（必要时应考虑动力系数）截面边缘的混凝土法向应力宜符合下列规定（图 3.1.2）：

$$\sigma_{ct} \leqslant f'_{tk} \tag{3.1.22}$$

$$\sigma_{cc} \leqslant 0.8 f'_{ck} \tag{3.1.23}$$

$$f'_{tk} < \sigma_{ct} < 1.2 f'_{tk} \tag{3.1.24}$$

$$\sigma_{cc} \ \text{或} \ \sigma_{ct} = \sigma_{pc} + \frac{N_k}{A_0} + \frac{M_k}{W_0} \tag{3.1.25}$$

式中：$\sigma_{ct}$ ——相应施工阶段计算截面预拉区边缘纤维的混凝土拉应力；

$\quad\quad \sigma_{cc}$ ——相应施工阶段计算截面预压区边缘纤维的混凝土压应力；

$\quad\quad f'_{tk}$、$f'_{ck}$ ——与各施工阶段混凝土立方体抗压强度 $f'_{cu}$ 相应的抗拉强度标准值、抗压强度标准值；

$N_k$、$M_k$ ——构件自重及施工荷载的标准组合在计算截面产生的轴向力值、弯矩值；

$W_0$ ——验算边缘的换算截面弹性抵抗矩。

注：1. 预拉区、预压区分别系指施加预应力时形成的截面拉应力区、压应力区；

2. 公式（3.1.25）中，当 $\sigma_{pc}$ 为压应力时取正值，当 $\sigma_{pc}$ 为拉应力时取负值；当 $N_k$ 为轴向压力时取正值，当 $N_k$ 为轴向拉力时取负值；当 $N_k$ 产生的边缘纤维应力为压应力时式中符号取加号，拉应力时式中符号取减号；

3. 当有可靠的工程经验时，叠合式受弯构件预拉区的混凝土法向拉应力可按 $\sigma_{ct}$ 不大于 $2f'_{tk}$ 控制。

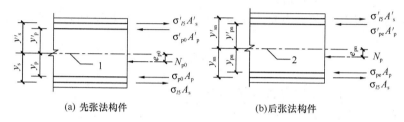

图 3.1.2　预应力混凝土构件施工阶段验算

1—换算截面重心轴；2—净截面重心轴

（8）无粘结预应力矩形截面受弯构件，在进行正截面承载力计算时，无粘结预应力筋的应力设计值 $\sigma_{pu}$ 宜按下列公式计算：

$$\sigma_{pu} = \sigma_{pe} + \Delta\sigma_p \tag{3.1.26}$$

$$\sigma_{pu} \leqslant f_{py} \tag{3.1.27}$$

$$\Delta\sigma_p = (240 - 335\xi_p)\left(0.45 + 5.5\frac{h}{l_0}\right)\frac{l_2}{l_1} \tag{3.1.28}$$

$$\xi_p = \frac{\sigma_{pe}A_p + f_y A_s}{f_c b h_p} \tag{3.1.29}$$

对于跨数不少于 3 跨的连续梁、连续单向板及连续双向板，$\Delta\sigma_p$ 取值不应小于 $50\text{N/mm}^2$。

式中：$\sigma_{pe}$ ——扣除全部预应力损失后，无粘结预应力筋中的有效预应力（$\text{N/mm}^2$）；

$\Delta\sigma_p$ ——无粘结预应力筋中的应力增量（$\text{N/mm}^2$）；

$\xi_p$ ——综合配筋特征值，不宜大于 0.4；对于连续梁、板，取各跨内支座和跨中截面综合配筋特征值的平均值；

$h$ ——受弯构件截面高度；

$h_p$ ——无粘结预应力筋合力点至截面受压边缘的距离；

$l_1$ ——连续无粘结预应力筋两个锚固端间的总长度；

$l_2$ ——与 $l_1$ 相关的由活荷载最不利布置图确定的荷载跨长度之和。

翼缘位于受压区的 T 形、I 形截面受弯构件，当受压区高度大于翼缘高度时，综合配筋特征值 $\xi_p$ 可按下式计算：

$$\xi_p = \frac{\sigma_{pe}A_p + f_yA_s - f_c(b'_f - b)h'_f}{f_c b h_p} \tag{3.1.30}$$

式中：$h'_f$ ——T 形、I 形截面受压区的翼缘高度；

$b'_f$ ——T 形、I 形截面受压区的翼缘计算宽度。

（9）无粘结预应力混凝土受弯构件的受拉区，纵向普通钢筋截面面积 $A_s$ 的配置应符合下列规定：

1）单向板

$$A_s \geqslant 0.002bh \tag{3.1.31}$$

式中：$b$ ——截面宽度；

$h$ ——截面高度。

2）梁

$A_s$ 应取下列两式计算结果的较大值：

$$\begin{cases} A_s \geqslant \dfrac{1}{3}\left(\dfrac{\sigma_{pu}h_p}{f_yh_s}\right)A_p & (3.1.32) \\[3mm] A_s \geqslant 0.003bh & (3.1.33) \end{cases}$$

式中：$h_s$ ——纵向受拉普通钢筋合力点至截面受压边缘的距离。

（10）无粘结预应力混凝土板柱结构中的双向平板，其纵向普通钢筋截面面积 $A_s$ 及其分布应符合下列规定：

1）在柱边的负弯矩区，每一方向上纵向普通钢筋的截面面积应符合下列规定：

$$A_s \geqslant 0.00075hl \tag{3.1.34}$$

式中：$l$ ——平行于计算纵向受力钢筋方向上板的跨度；

$h$ ——板的厚度。

2）在荷载标准组合下，当正弯矩区每一方向上抗裂验算边缘的混凝土法向拉应力满足下列规定时，正弯矩区可仅按构造配置纵向普通钢筋：

$$\sigma_{ck} - \sigma_{pc} \leqslant 0.4f_{tk} \tag{3.1.35}$$

3）在荷载标准组合下，当正弯矩区每一个方向上抗裂验算边缘的混凝土法向拉应力超过 $0.4f_{tk}$ 且不大于 $1.0f_{tk}$ 时，纵向普通钢筋的截面面积应符合下列规定：

$$A_s \geqslant \frac{N_{tk}}{0.5f_y} \tag{3.1.36}$$

式中：$N_{tk}$ ——在荷载标准组合下构件混凝土未开裂截面受拉区的合力；

$f_y$ ——钢筋的抗拉强度设计值，当 $f_y$ 大于 $360\mathrm{N/mm^2}$ 时，取 $360\mathrm{N/mm^2}$。

（11）预应力混凝土受弯构件的正截面受弯承载力设计值应符合下列要求：

$$M_u \geqslant M_{cr} \tag{3.1.37}$$

式中：$M_u$ ——构件的正截面受弯承载力设计值；

$\qquad M_{cr}$ ——构件的正截面开裂弯矩值。

## 3.2 预应力损失值计算

（1）直线预应力筋由于锚具变形和预应力筋内缩引起的预应力损失值 $\sigma_{l1}$：

$$\sigma_{l1} = \frac{a}{l} E_s \tag{3.2.1}$$

式中：$a$ ——张拉端锚具变形和预应力筋内缩值（mm），可按表 3.2.1 采用；

$\qquad l$ ——张拉端至锚固端之间的距离（mm）。

锚具变形和预应力筋内缩值 $a$（mm）　　　　　表 3.2.1

| 锚具类别 | | $a$ |
|---|---|---|
| 支承式锚具（钢丝束镦头锚具等） | 螺帽缝隙 | 1 |
| | 每块后加垫板的缝隙 | 1 |
| 夹片式锚具 | 有顶压时 | 5 |
| | 无顶压时 | 6～8 |

注：1. 表中的锚具变形和预应力筋内缩值也可根据实测数据确定；

$\qquad$ 2. 其他类型的锚具变形和预应力筋内缩值应根据实测数据确定。

（2）预应力筋与孔道壁之间的摩擦引起的预应力损失值 $\sigma_{l2}$：

$$\sigma_{l2} = \sigma_{con}\left(1 - \frac{1}{e^{\kappa x + \mu\theta}}\right) \tag{3.2.2}$$

当 $(\kappa x + \mu\theta)$ 不大于 0.3 时，$\sigma_{l2}$ 可按下列近似公式计算：

$$\sigma_{l2} = (\kappa x + \mu\theta)\sigma_{con} \tag{3.2.3}$$

摩擦系数　　　　　表 3.2.2

| 孔道成型方式 | $\kappa$ | $\mu$ | |
|---|---|---|---|
| | | 钢绞线、钢丝束 | 预应力螺纹钢筋 |
| 预埋金属波纹管 | 0.0015 | 0.25 | 0.50 |
| 预埋塑料波纹管 | 0.0015 | 0.15 | — |
| 预埋钢管 | 0.0010 | 0.30 | — |
| 抽芯成型 | 0.0014 | 0.55 | 0.60 |
| 无粘结预应力筋 | 0.0040 | 0.09 | — |

注：摩擦系数也可根据实测数据确定。

对按抛物线、圆弧曲线变化的空间曲线及可分段后叠加的广义空间曲线，夹角之和 $\theta$ 可按下列近似公式计算：

抛物线、圆弧曲线：$\theta = \sqrt{\alpha_v^2 + \alpha_h^2}$

广义空间曲线：$\theta = \Sigma \sqrt{\Delta\alpha_v^2 + \Delta\alpha_h^2}$

式中：   $x$ ——从张拉端至计算截面的孔道长度，可近似取该段孔道在纵轴上的投影长度（m）；

$\theta$ ——从张拉端至计算截面曲线孔道各部分切线的夹角之和（rad）；

$\kappa$ ——考虑孔道每米长度局部偏差的摩擦系数，按表 3.2.2 采用；

$\mu$ ——预应力筋与孔道壁之间的摩擦系数，按表 3.2.2 采用；

$\alpha_v$、$\alpha_h$ ——按抛物线、圆弧曲线变化的空间曲线预应力筋在竖直向、水平向投影所形成抛物线、圆弧曲线的弯转角；

$\Delta\alpha_v$、$\Delta\alpha_h$ ——广义空间曲线预应力筋在竖直向、水平向投影所形成分段曲线的弯转角增量。

（3）混凝土加热养护时受张拉的预应力钢筋与承受拉力的设备之间温差引起的预应力损失 $\sigma_{l3}$：

$$\sigma_{l3} = 2\Delta t \tag{3.2.4}$$

式中：$\Delta t$ ——混凝土加热养护时，预应力筋与承受控力的设备之间的温差（℃）。

（4）预应力钢筋应力松弛引起的预应力损失 $\sigma_{l4}$

1）普通松弛：

$$\sigma_{l4} = 0.4\left(\frac{\sigma_{con}}{f_{ptk}} - 0.5\right)\sigma_{con} \tag{3.2.5}$$

低松弛：

$$\begin{cases} \sigma_{con} \leqslant 0.7 f_{ptk} \\ \sigma_{l4} = 0.125\left(\frac{\sigma_{con}}{f_{ptk}} - 0.5\right)\sigma_{con} \end{cases} \tag{3.2.6}$$

$$\begin{cases} 0.7 f_{ptk} < \sigma_{con} \leqslant 0.8 f_{ptk} \\ \sigma_{l4} = 0.2\left(\frac{\sigma_{con}}{f_{ptk}} - 0.575\right)\sigma_{con} \end{cases} \tag{3.2.7}$$

2）中强度预应力钢丝：$\sigma_{l4} = 0.08\sigma_{con}$

3）预应力螺纹钢筋：$\sigma_{l4} = 0.03\sigma_{con}$

注：当 $\sigma_{con}/f_{ptk} \leqslant 0.5$ 时，预应力筋的应力松弛损失值可取为零。

（5）混凝土收缩、徐变引起受拉区和受压区纵向预应力筋的预应力损失值 $\sigma_{l5}$、$\sigma_{l5}'$：

1）一般情况

① 先张法构件

$$\begin{cases} \sigma_{l5} = \dfrac{60 + 340 \dfrac{\sigma_{pc}}{f'_{cu}}}{1 + 15\rho} & (3.2.8) \\[4ex] \sigma'_{l5} = \dfrac{60 + 340 \dfrac{\sigma'_{pc}}{f'_{cu}}}{1 + 15\rho'} & (3.2.9) \end{cases}$$

② 后张法构件

$$\begin{cases} \sigma_{l5} = \dfrac{55 + 300 \dfrac{\sigma_{pc}}{f'_{cu}}}{1 + 15\rho} & (3.2.10) \\[4ex] \sigma'_{l5} = \dfrac{55 + 300 \dfrac{\sigma'_{pc}}{f'_{cu}}}{1 + 15\rho'} & (3.2.11) \end{cases}$$

式中：$\sigma_{pc}$、$\sigma'_{pc}$——受拉区、受压区预应力筋合力点处的混凝土法向压应力；

$\quad\quad f'_{cu}$——施加预应力时的混凝土立方体抗压强度；

$\quad\quad \rho$、$\rho'$——受拉区、受压区预应力筋和普通钢筋的配筋率：对先张法构件，$\rho = (A_p + A_s)/A_0$，$\rho' = (A'_p + A'_s)/A_0$；对后张法构件，$\rho = (A_p + A_s)/A_n$，$\rho' = (A'_p + A'_s)/A_n$；对于对称配置预应力筋和普通钢筋的构件，配筋率 $\rho$、$\rho'$ 应按钢筋总截面面积的一半计算。

注：预应力损失值仅考虑混凝土预压前（第一批）的损失，其普通钢筋中的应力 $\sigma_{l5}$、$\sigma'_{l5}$ 值应取为零；$\sigma_{pc}$、$\sigma'_{pc}$ 值不得大于 $0.5 f'_{cu}$；当 $\sigma'_{pc}$ 为拉应力时，应取为零。

2）重要的结构构件，需要考虑与时间相关的混凝土收缩、徐变及预应力筋应力松弛预应力损失值

① 受拉区纵向预应力筋的预应力损失终极值 $\sigma_{l5}$

$$\sigma_{l5} = \frac{0.9\alpha_p \sigma_{pc} \varphi_\infty + E_s \xi_\infty}{1 + 15\rho} \qquad (3.2.12)$$

式中：$\sigma_{pc}$——受拉区预应力筋合力点处由预加力（扣除相应阶段预应力损失）和梁自重产生的混凝土法向压应力，其值不得大于 $0.5 f'_{cu}$；简支梁可取跨中截面与 1/4 跨度处截面的平均值；连续梁和框架可取若干有代表性截面的平均值；

$\quad\quad \varphi_\infty$——混凝土徐变系数终极值；

$\quad\quad \xi_\infty$——混凝土收缩应变终极值；

$E_s$——预应力筋弹性模量；

$\alpha_p$——预应力筋弹性模量与混凝土弹性模量的比值；

$\rho$——受拉区预应力筋和普通钢筋的配筋率：先张法构件，$\rho = (A_p + A_s)/A_0$；后张法构件，$\rho = (A_p + A_s)/A_n$；对于对称配置预应力筋和普通钢筋的构件，配筋率 $\rho$ 取钢筋总截面面积的一半。

② 受压区纵向预应力筋的预应力损失终极值 $\sigma'_{l5}$：

$$\sigma'_{l5} = \frac{0.9\alpha_p\sigma'_{pc}\varphi_\infty + E_s\xi_\infty}{1 + 15\rho'} \tag{3.2.13}$$

式中：$\sigma'_{pc}$——受压区预应力筋合力点处由预加力（扣除相应阶段预应力损失）和梁自重产生的混凝土法向压应力，其值不得大于 $0.5 f'_{cu}$，当 $\sigma'_{pc}$ 为拉应力时，取 $\sigma'_{pc} = 0$；

$\rho'$——受压区预应力筋和普通钢筋的配筋率：先张法构件，$\rho' = (A'_p + A'_s)/A_0$；后张法构件，$\rho' = (A'_p + A'_s)/A_n$。

当无可靠资料时，$\varphi_\infty$、$\xi_\infty$ 值可按表 3.2.3 及表 3.2.4 采用。如结构处于年平均相对湿度低于 40% 的环境下，表列数值应增加 30%。

**混凝土收缩应变终极值 $\xi_\infty$（$\times 10^{-4}$）** 表 3.2.3

| 年平均相对湿度 RH | | 40%≤RH<70% | | | 70%≤RH≤99% | | | |
|---|---|---|---|---|---|---|---|---|
| 理论厚度 2A/u (mm) | | 100 | 200 | 300 | ≥600 | 100 | 200 | 300 | ≥600 |
| 预加应力时的混凝土龄期 $t_0$ (d) | 3 | 4.83 | 4.09 | 3.57 | 3.09 | 3.47 | 2.95 | 2.60 | 2.26 |
| | 7 | 4.35 | 3.89 | 3.44 | 3.01 | 3.12 | 2.80 | 2.49 | 2.18 |
| | 10 | 4.06 | 3.77 | 3.37 | 2.96 | 2.91 | 2.70 | 2.42 | 2.14 |
| | 14 | 3.73 | 3.62 | 3.27 | 2.91 | 2.67 | 2.59 | 2.35 | 2.10 |
| | 28 | 2.90 | 3.20 | 3.01 | 2.77 | 2.07 | 2.28 | 2.15 | 1.98 |
| | 60 | 1.92 | 2.54 | 2.58 | 2.54 | 1.37 | 1.80 | 1.82 | 1.80 |
| | ≥90 | 1.45 | 2.12 | 2.27 | 2.38 | 1.03 | 1.50 | 1.60 | 1.68 |

**混凝土徐变系数终极值 $\varphi_\infty$** 表 3.2.4

| 年平均相对湿度 RH | | 40%≤RH<70% | | | 70%≤RH≤99% | | | |
|---|---|---|---|---|---|---|---|---|
| 理论厚度 2A/u (mm) | | 100 | 200 | 300 | ≥600 | 100 | 200 | 300 | ≥600 |
| 预加应力时的混凝土龄期 $t_0$ (d) | 3 | 3.51 | 3.14 | 2.94 | 2.63 | 2.78 | 2.55 | 2.43 | 2.23 |
| | 7 | 3.00 | 2.68 | 2.51 | 2.25 | 2.37 | 2.18 | 2.08 | 1.91 |
| | 10 | 2.80 | 2.51 | 2.35 | 2.10 | 2.22 | 2.04 | 1.94 | 1.78 |
| | 14 | 2.63 | 2.35 | 2.21 | 1.97 | 2.08 | 1.91 | 1.82 | 1.67 |

续表

| 年平均相对湿度 RH | | 40%≤RH<70% | | | | 70%≤RH≤99% | | | |
|---|---|---|---|---|---|---|---|---|---|
| 理论厚度 $2A/u$ (mm) | | 100 | 200 | 300 | ≥600 | 100 | 200 | 300 | ≥600 |
| 预加应力时的混凝土龄期 $t_0(d)$ | 28 | 2.31 | 2.06 | 1.93 | 1.73 | 1.82 | 1.68 | 1.60 | 1.47 |
| | 60 | 1.99 | 1.78 | 1.67 | 1.49 | 1.58 | 1.45 | 1.38 | 1.27 |
| | ≥90 | 1.85 | 1.65 | 1.55 | 1.38 | 1.46 | 1.34 | 1.28 | 1.17 |

注：1. 预加力时的混凝土龄期，先张法构件可取 3~7d，后张法构件可取 7~28d；

    2. $A$ 为构件截面面积，$u$ 为该截面与大气接触的周边长度；当构件为变截面时，$A$ 和 $u$ 均可取其平均值；

    3. 本表适用于由一般的硅酸盐类水泥或快硬水泥配置而成的混凝土；表中数值系按强度等级 C40 混凝土计算所得，对 C50 及以上混凝土，列数值应乘以 $\sqrt{\dfrac{32.4}{f_{ck}}}$，式中 $f_{ck}$ 为混凝土轴心抗压强度标准值（MPa）；

    4. 本表适用于季节性变化的平均温度 −20℃~+40℃；

    5. 当实际构件的理论厚度和预加力时的混凝土龄期为列数值的中间值时，可按线性内插法确定。

考虑时间影响的混凝土收缩和徐变引起的预应力损失值，可由预应力损失终极值 $\sigma_{l5}$、$\sigma'_{l5}$ 乘以表 3.2.5 相应的系数确定。

考虑时间影响的预应力筋应力松弛引起的预应力损失值，可由预应力损失值 $\sigma_{l4}$ 乘以表 3.2.5 中相应的系数确定。

随时间变化的预应力损失系数 表 3.2.5

| 时间（d） | 松弛损失系数 | 收缩徐变损失系数 |
|---|---|---|
| 2 | 0.50 | — |
| 10 | 0.77 | 0.33 |
| 20 | 0.88 | 0.37 |
| 30 | 0.95 | 0.40 |
| 40 | | 0.43 |
| 60 | | 0.50 |
| 90 | | 0.60 |
| 180 | 1.00 | 0.75 |
| 365 | | 0.85 |
| 1095 | | 1.00 |

注：先张法预应力混凝土构件的松弛损失时间从张拉完成开始计算，收缩徐变损失从放张完成开始计算；后张法预应力混凝土构件的松弛损失、收缩徐变损失均从张拉完成开始计算。

（6）用螺旋式预应力钢筋作配筋的环形构件，由于混凝土的局部挤压引起的预应力损失 $\sigma_{l6}$：

当 $d \leqslant 3\text{m}$ 时：$\sigma_{l6} = 30\text{N/mm}^2$

$d > 3\text{m}$ 时：$\sigma_{l6} = 0$

（7）预应力混凝土构件在各阶段的预应力损失值宜按表 3.2.6 的规定进行组合。

各阶段预应力损失值的组合　　　　　　　　　表 3.2.6

| 预应力损失值的组合 | 先张法构件 | 后张法构件 |
|---|---|---|
| 混凝土预压前（第一批）的损失 | $\sigma_{l1} + \sigma_{l2} + \sigma_{l3} + \sigma_{l4}$ | $\sigma_{l1} + \sigma_{l2}$ |
| 混凝土预压后（第二批）的损失 | $\sigma_{l5}$ | $\sigma_{l4} + \sigma_{l5} + \sigma_{l6}$ |

# 4 混凝土结构构件抗震设计

## 4.1 一般规定

（1）房屋建筑混凝土结构构件的抗震设计，应根据设防类别、烈度、结构类型和房屋高度采用不同的抗震等级，并应符合相应的计算和构造措施要求。丙类建筑的抗震等级应按表 4.1.1 确定。

混凝土结构的抗震等级 表 4.1.1

| 结构类型 | | | 设防烈度 | | | | | | | |
|---|---|---|---|---|---|---|---|---|---|---|
| | | | 6 | | 7 | | | 8 | | 9 |
| 框架结构 | 高度（m） | | ≤24 | >24 | ≤24 | >24 | | ≤24 | >24 | ≤24 |
| | 框架 | | 四 | 三 | 三 | 二 | | 二 | 一 | 一 |
| | 大跨度框架 | | 三 | | 二 | | | 一 | | 一 |
| 框架-剪力墙结构 | 高度（m） | | ≤60 | >60 | ≤24 | >24 且 ≤60 | >60 | ≤24 | >24 且 ≤60 | >60 | ≤24 | >24 且 ≤50 |
| | 框架 | | 四 | 三 | 四 | 三 | 二 | 三 | 二 | 一 | 二 | 一 |
| | 剪力墙 | | 三 | | 三 | 二 | | 二 | 一 | | 一 |
| 剪力墙结构 | 高度（m） | | ≤80 | >80 | ≤24 | >24 且 ≤80 | >80 | ≤24 | >24 且 ≤80 | >80 | ≤24 | >24 且 ≤60 |
| | 剪力墙 | | 四 | 三 | 四 | 三 | 二 | 三 | 二 | 一 | 二 | 一 |
| 部分框支剪力墙结构 | 高度（m） | | ≤80 | >80 | ≤24 | >24 且 ≤80 | >80 | ≤24 | >24 且 ≤80 | | |
| | 剪力墙 | 一般部位 | 四 | 三 | 四 | 三 | 二 | 三 | 二 | | |
| | | 加强部位 | 三 | 二 | 三 | 二 | 一 | 二 | 一 | | |
| | 框支层框架 | | 二 | | 二 | | 一 | 一 | | | |
| 筒体结构 | 框架-核心筒 | 框架 | 三 | | 二 | | | 一 | | 一 |
| | | 核心筒 | 二 | | 二 | | | 一 | | 一 |

续表

| 结构类型 | | | 设防烈度 | | | | | |
|---|---|---|---|---|---|---|---|---|
| | | | 6 | 7 | 8 | | 9 | |
| 筒体结构 | 筒中筒 | 外筒 | 三 | 二 | 一 | | 一 | |
| | | 内筒 | 三 | 二 | 一 | | 一 | |
| 板柱-剪力墙结构 | 高度（m） | | ≤35 | >35 | ≤35 | >35 | ≤35 | >35 |
| | 框架、板柱的柱 | | 三 | 二 | 二 | 二 | 一 | 一 |
| | 剪力墙 | | 二 | 二 | 二 | 二 | 一 | 一 |
| 单层厂房结构 | 铰接排架 | | 四 | | 三 | | 二 | 一 |

注：1. 建筑场地为Ⅰ类时，除6度设防烈度外应允许按表内降低一度所对应的抗震构造措施，但相应的计算要求不应降低；

  2. 接近或等于高度分界时，应允许结合房屋不规则程度及场地、地基条件确定抗震等级；

  3. 大跨度框架指跨度不小于18m的框架；

  4. 表中框架结构不包括异形柱框架；

  5. 对房屋高度不大于60m的框架-核心筒结构，应允许按框架-剪力墙结构进行设计，应按表中框架-剪力墙结构确定抗震等级。

（2）考虑地震作用组合验算混凝土结构构件的承载力时，均应按承载力抗震调整系数 $\gamma_{RE}$ 进行调整。承载力抗震调整系数 $\gamma_{RE}$ 应按表4.1.2采用。

**承载力抗震调整系数**　　　　　表4.1.2

| 结构构件类别 | 正截面承载力计算 | | | | | 斜截面承载力计算 | 受冲切承载力计算 | 局部受压承载力计算 |
|---|---|---|---|---|---|---|---|---|
| | 受弯构件 | 偏心受压柱 | | 偏心受拉构件 | 剪力墙 | 各类构件及框架节点 | | |
| | | $\lambda < 0.15$ | $\lambda \geqslant 0.15$ | | | | | |
| $\gamma_{RE}$ | 0.75 | 0.75 | 0.80 | 0.85 | 0.85 | 0.85 | 0.85 | 1.00 |

注：预埋件锚筋截面计算的承载力抗震调整系数 $\gamma_{RE}$ 应取为1.0。

## 4.2　框架梁

（1）承载力计算中，计入纵向受压钢筋的梁端混凝土受压区高度应符合下列要求：

一级抗震等级

$$x \leqslant 0.25h_0 \qquad\qquad （4.2.1）$$

二、三级抗震等级

$$x \leqslant 0.35h_0 \tag{4.2.2}$$

式中：$x$ ——混凝土受压区高度。

（2）考虑地震作用组合的框架梁端剪力设计值 $V_b$ 应按下列规定计算：

1）9度设防烈度的框架和一级抗震等级的框架结构

$$V_b = 1.1 \frac{(M_{bua}^l + M_{bua}^r)}{l_n} + V_{Gb} \tag{4.2.3}$$

2）其他情况

一级抗震等级

$$V_b = 1.3 \frac{(M_b^l + M_b^r)}{l_n} + V_{Gb} \tag{4.2.4}$$

二级抗震等级

$$V_b = 1.2 \frac{(M_b^l + M_b^r)}{l_n} + V_{Gb} \tag{4.2.5}$$

三级抗震等级

$$V_b = 1.1 \frac{(M_b^l + M_b^r)}{l_n} + V_{Gb} \tag{4.2.6}$$

四级抗震等级，取地震作用组合下的剪力设计值。

式中：$M_{bua}^l$、$M_{bua}^r$ ——框架梁左、右端按实配钢筋截面面积（计入受压钢筋及有效楼板范围内的钢筋）、材料强度标准值，且考虑承载力抗震调整系数的正截面抗震受弯承载力所对应的弯矩值；

$M_b^l$、$M_b^r$ ——考虑地震作用组合的框架梁左、右端弯矩设计值；

$V_{Gb}$ ——考虑地震作用组合时的重力荷载代表值产生的剪力设计值，可按简支梁计算确定；

$l_n$ ——梁的净跨。

注：在公式（4.2.3）中，$M_{bua}^l$ 与 $M_{bua}^r$ 之和，应分别按顺时针和逆时针方向进行计算，并取其较大值。公式（4.2.3）至公式（4.2.6）中，$M_b^l$ 与 $M_b^r$ 之和，应分别按顺时针和逆时针方向计算的两端考虑地震作用组合的弯矩设计值之和的较大值；一级抗震等级，当两端弯矩均为负弯矩时，绝对值较小的弯矩值应取零。

（3）考虑地震作用组合的矩形、T形和I形截面框架梁，当跨高比大于2.5时，其受剪截面应符合下列条件：

$$V_b \leqslant \frac{1}{\gamma_{RE}}(0.20\beta_c f_c b h_0) \tag{4.2.7}$$

当跨高比不大于 2.5 时，其受剪截面应符合下列条件：

$$V_b \leqslant \frac{1}{\gamma_{RE}}(0.15\beta_c f_c bh_0) \qquad (4.2.8)$$

（4）考虑地震作用组合的矩形、T 形和 I 形截面的框架梁，其斜截面受剪承载力应符合下列规定：

$$V_b \leqslant \frac{1}{\gamma_{RE}}\left(0.6\alpha_{cv} f_t bh_0 + f_{yv}\frac{A_{sv}}{s}h_0\right) \qquad (4.2.9)$$

式中：$\alpha_{cv}$——截面混凝土受剪承载力系数，对于一般受弯构件取 0.7；对集中荷载作用下（包括作用有多种荷载，其中集中荷载对支座截面或节点边缘所产生的剪力值占总剪力的 75% 以上的情况）的独立梁，取 $\alpha_{cv}$ 为 $\frac{1.75}{1+\lambda}$，$\lambda$ 为计算截面的剪跨比，可取 $\lambda$ 等于 $a/h_0$，当 $\lambda$ 小于 1.5 时，取 1.5，当 $\lambda$ 大于 3 时，取 3，$a$ 取集中荷载作用点至支座截面或节点边缘的距离。

## 4.3 框架柱及框支柱

（1）除框架顶层柱、轴压比小于 0.15 的柱以及框支梁与框支柱节点外，框架柱节点上、下端和框支柱的中间层节点上、下端的截面内力设计值应符合下列要求：

1）一级抗震等级的框架结构和 9 度设防烈度的一级抗震等级的框架

$$\sum M_c = 1.2 \sum M_{bua} \qquad (4.3.1)$$

2）框架结构

二级抗震等级 $\qquad \sum M_c = 1.5 \sum M_b \qquad (4.3.2)$

三级抗震等级 $\qquad \sum M_c = 1.3 \sum M_b \qquad (4.3.3)$

四级抗震等级 $\qquad \sum M_c = 1.2 \sum M_b \qquad (4.3.4)$

3）其他情况

一级抗震等级 $\qquad \sum M_c = 1.4 \sum M_b \qquad (4.3.5)$

二级抗震等级 $\qquad \sum M_c = 1.2 \sum M_b \qquad (4.3.6)$

三、四级抗震等级 $\qquad \sum M_c = 1.1 \sum M_b \qquad (4.3.7)$

式中：$\sum M_c$——考虑地震作用组合的节点上、下柱端的弯矩设计值之和；柱端弯矩设计值的确定，在一般情况下，可将公式（4.3.1）～公式（4.3.5）计算的弯矩之和，按上、下柱端弹性分析所得的考虑地震作用组合的弯矩比进行分配；

$\sum M_{bua}$——同一节点左、右梁端按顺时针和逆时针方向采用实配钢筋和材料强度标准值，且考虑承载力抗震调整系数计算的正截面受弯承载力所对应的弯矩值之和的较大值。当有现浇板时，梁端的实配钢筋应包含现浇板有效宽度范围内的纵向钢筋；

$\sum M_b$——同一节点左、右梁端，按顺时针和逆时针方向计算的两端考虑地震作用组合的弯矩设计值之和的较大值；一级抗震等级，当两端弯矩均为负弯矩时，绝对值较小的弯矩值应取零。

注：1. 一、二、三、四级抗震等级框架结构的底层，柱下端截面考虑地震作用组合的弯矩设计值应分别乘以增大系数 1.7、1.5、1.3 和 1.2。底层柱纵向钢筋应按柱上、下端的不利情况配置。

2. 底层指无地下室的基础以上或地下室以上的首层。

（2）框架柱、框支柱的剪力设计值均应按下列公式计算：

1）一级抗震等级的框架结构和 9 度设防烈度的一级抗震等级的框架

$$V_c = 1.2 \frac{(M_{cua}^t + M_{cua}^b)}{H_n} \quad (4.3.8)$$

2）框架结构

二级抗震等级 $\quad V_c = 1.3 \frac{(M_c^t + M_c^b)}{H_n} \quad (4.3.9)$

三级抗震等级 $\quad V_c = 1.2 \frac{(M_c^t + M_c^b)}{H_n} \quad (4.3.10)$

四级抗震等级 $\quad V_c = 1.1 \frac{(M_c^t + M_c^b)}{H_n} \quad (4.3.11)$

3）其他情况

一级抗震等级 $\quad V_c = 1.4 \frac{(M_c^t + M_c^b)}{H_n} \quad (4.3.12)$

二级抗震等级 $\quad V_c = 1.2 \frac{(M_c^t + M_c^b)}{H_n} \quad (4.3.13)$

三、四级抗震等级 $\quad V_c = 1.1 \frac{(M_c^t + M_c^b)}{H_n} \quad (4.3.14)$

式中：$M_{cua}^t$、$M_{cua}^b$——框架柱上、下端按实配钢筋截面面积和材料强度标准值，且考虑承载力抗震调整系数计算的正截面抗震承载力所对应的弯矩值；

$M_c^t$、$M_c^b$——考虑地震作用组合，且经调整后的框架柱上、下端弯矩设计值；

$H_n$——柱的净高。

注：1. 在公式（4.3.8）中 $M_{cua}^t$ 与 $M_{cua}^b$ 之和应分别按顺时针和逆时针方向进行计算，并取其较大值。$N$ 可取重力荷载代表值产生的轴向压力设计值。在公式（4.3.9）至公式（4.3.14）中，$M_c^t$ 与 $M_c^b$ 之和应分别按顺时针和逆时针方向进行计算，并

取其较大值。

2. 一、二级抗震等级的框支柱，由地震作用引起的附加轴力应分别乘以增大系数 1.5、1.2；计算轴压比时，可不考虑增大系数。

3. 一、二、三、四级抗震等级的框架角柱，其弯矩、剪力设计值应在调整的基础上再乘以不小于 1.1 的增大系数。

（3）考虑地震作用组合的矩形截面框架柱和框支柱，其受剪截面应符合下列条件：

剪跨比 $\lambda$ 大于 2 的框架柱

$$V_c \leqslant \frac{1}{\gamma_{RE}}(0.2\beta_c f_c b h_0) \tag{4.3.15}$$

框支柱和剪跨比 $\lambda$ 不大于 2 的框架柱

$$V_c \leqslant \frac{1}{\gamma_{RE}}(0.15\beta_c f_c b h_0) \tag{4.3.16}$$

式中：$\lambda$——框架柱、框支柱的计算剪跨比，取 $M/(Vh_0)$；此处，$M$ 宜取柱上、下端考虑地震作用组合的弯矩设计值的较大值，$V$ 取与 $M$ 对应的剪力设计值，$h_0$ 为柱截面有效高度；当框架结构中的框架柱的反弯点在柱层高范围内时，可取 $\lambda = H_n/(2h_0)$，此处，$H_n$ 为柱净高。

（4）考虑地震作用组合的矩形截面框架柱和框支柱，其斜截面受剪承载力应符合下列规定：

$$V_c \leqslant \frac{1}{\gamma_{RE}}\left[\frac{1.05}{\lambda+1}f_t b h_0 + f_{yv}\frac{A_{sv}}{s}h_0 + 0.056N\right] \tag{4.3.17}$$

式中：$\lambda$——框架柱、框支柱的计算剪跨比。当 $\lambda < 1.0$ 时，取 1.0；当 $\lambda > 3.0$ 时，取 3.0。

$N$——考虑地震作用组合的框架柱、框支柱轴向压力设计值，当 $N$ 大于 $0.3f_c A$ 时，取 $0.3f_c A$。

（5）当考虑地震作用组合的矩形截面框架柱和框支柱，当出现拉力时，其斜截面抗震受剪承载力应符合下列规定：

$$V_c \leqslant \frac{1}{\gamma_{RE}}\left[\frac{1.05}{\lambda+1}f_t b h_0 + f_{yv}\frac{A_{sv}}{s}h_0 - 0.2N\right] \tag{4.3.18}$$

式中：$N$——考虑地震作用组合的框架柱轴向拉力设计值。

注：当上式右边括号内的计算值小于 $f_{yv}\dfrac{A_{sv}}{s}h_0$ 时，取等于 $f_{yv}\dfrac{A_{sv}}{s}h_0$，且 $f_{yv}\dfrac{A_{sv}}{s}h_0$ 值不应小于 $0.36f_t b h_0$。

（6）考虑地震作用组合的矩形截面双向受剪的钢筋混凝土框架柱，其受剪截

面应符合下列条件:

$$V_x \leqslant \frac{1}{\gamma_{RE}} 0.2\beta_c f_c bh_0 \cos\theta \qquad (4.3.19)$$

$$V_y \leqslant \frac{1}{\gamma_{RE}} 0.2\beta_c f_c hb_0 \sin\theta \qquad (4.3.20)$$

式中: $V_x$ ——$x$ 轴方向的剪力设计值,对应的截面有效高度为 $h_0$ ,截面宽度为 $b$ ;

　　$V_y$ ——$y$ 轴方向的剪力设计值,对应的截面有效高度为 $b_0$ ,截面宽度为 $h$ ;

　　$\theta$ ——斜向剪力设计值 $V$ 的作用方向与 $x$ 轴的夹角,取为 $\arctan(V_y/V_x)$ 。

(7) 考虑地震作用组合时,矩形截面双向受剪的钢筋混凝土框架柱,其斜截面受剪承载力应符合下列条件:

$$
\begin{cases}
V_x \leqslant \dfrac{V_{ux}}{\sqrt{1 + \left(\dfrac{V_{ux}\tan\theta}{V_{uy}}\right)^2}} & (4.3.21) \\[4ex]
V_y \leqslant \dfrac{V_{uy}}{\sqrt{1 + \left(\dfrac{V_{uy}}{V_{ux}\tan\theta}\right)^2}} & (4.3.22) \\[4ex]
V_{ux} = \dfrac{1}{\gamma_{RE}}\left[\dfrac{1.05}{\lambda_x + 1}f_t bh_0 + f_{yv}\dfrac{A_{svx}}{s_x}h_0 + 0.056N\right] & (4.3.23) \\[3ex]
V_{uy} = \dfrac{1}{\gamma_{RE}}\left[\dfrac{1.05}{\lambda_y + 1}f_t b_0 h + f_{yv}\dfrac{A_{svy}}{s_y}b_0 + 0.056N\right] & (4.3.24)
\end{cases}
$$

式中: $\lambda_x$ 、$\lambda_y$ ——框架柱的计算剪跨比,取 $M/(Vh_0)$ ;

　　$A_{svx}$ 、$A_{svy}$ ——配置在同一截面内平行于 $x$ 轴、$y$ 轴的箍筋各肢截面面积的总和;

　　$N$ ——与斜向剪力设计值 $V$ 相应的轴向压力设计值,当 $N$ 大于 $0.3f_c A$ 时,取 $0.3f_c A$ ,此处,$A$ 为构件的截面面积。

(8) 一、二、三、四级抗震等级的各类结构的框架柱、框支柱,其轴压比不宜大于表 4.3.1 规定的限值。对IV类场地上较高的高层建筑,柱轴压比限值应适当减小。

**柱轴压比限值**        表 4.3.1

| 结构体系 | 抗震等级 | | | |
|:---:|:---:|:---:|:---:|:---:|
| | 一级 | 二级 | 三级 | 四级 |
| 框架结构 | 0.65 | 0.75 | 0.85 | 0.90 |

| 结构体系 | 抗震等级 | | | |
|---|---|---|---|---|
| | 一级 | 二级 | 三级 | 四级 |
| 框架-剪力墙结构、简体结构 | 0.75 | 0.85 | 0.90 | 0.95 |
| 部分框支剪力墙结构 | 0.60 | 0.70 | — | |

注：1. 轴压比指柱地震作用组合的轴向压力设计值与柱的全截面面积和混凝土轴心抗压强度设计值乘积之比值。

2. 当混凝土强度等级为 C65、C70 时，轴压比限值宜按表中数值减小 0.05；混凝土强度等级为 C75、C80 时，轴压比限值宜按表中数值减小 0.10。

3. 表内限值适用于剪跨比大于 2、混凝土强度等级不高于 C60 的柱；剪跨比不大于 2 的柱轴压比限值应降低 0.05；剪跨比小于 1.5 的柱，轴压比限值应专门研究并采取特殊构造措施。

4. 沿柱全高采用井字复合箍，且箍筋间距不大于 100mm、肢距不大于 200mm、直径不小于 12mm，或沿柱全高采用复合螺旋箍，且螺距不大于 100mm、肢距不大于 200mm、直径不小于 12mm，或沿柱全高采用连续复合矩形螺旋箍，且螺旋净距不大于 80mm、肢距不大于 200mm、直径不小于 10mm 时，轴压比限值均可按表中数值增加 0.10。

5. 当柱截面中部设置由附加纵向钢筋形成的芯柱，且附加纵向钢筋的总面积不少于柱截面面积的 0.8% 时，轴压比限值可按表中数值增加 0.05。此项措施与注 4 的措施同时采用时，轴压比限值可按表中数值增加 0.15，但箍筋的配箍特征值 $\lambda_v$ 仍可按轴压比增加 0.10 的要求确定。

6. 调整后的柱轴压比限值不应大于 1.05。

## 4.4 框架梁柱节点

（1）一、二、三级抗震等级的框架梁柱节点核心区的剪力设计值 $V_j$，应按下列规定计算：

1）顶层中间节点和端节点

① 一级抗震等级框架结构和 9 度设防烈度的一级抗震等级框架：

$$V_j = \frac{1.15 \sum M_{bua}}{h_{b0} - a'_s} \tag{4.4.1}$$

② 其他情况：

$$V_j = \frac{\eta_{jb} \sum M_b}{h_{b0} - a'_s} \tag{4.4.2}$$

2）其他层中间节点和端节点

① 一级抗震等级框架结构和 9 度设防烈度的一级抗震等级框架：

$$V_j = \frac{1.15 \sum M_{bua}}{h_{b0} - a'_s} \left[ 1 - \frac{h_{b0} - a'_s}{H_c - h_b} \right] \tag{4.4.3}$$

② 其他情况：

$$V_j = \frac{\eta_{jb} \sum M_b}{h_{b0} - a'_s}\left[1 - \frac{h_{b0} - a'_s}{H_c - h_b}\right] \tag{4.4.4}$$

式中：$\sum M_{bua}$ ——节点左、右两侧的梁端反时针或顺时针方向实配的正截面抗震
受弯承载力所对应的弯矩值之和，可根据实配钢筋面积（计入
纵向受压钢筋）和材料强度标准值确定；

$\sum M_b$ ——节点左、右两侧的梁端反时针或顺时针方向组合弯矩设计值之
和，一级框架节点左右梁端均为负弯矩时，绝对值较小的弯矩
应取零；

$\eta_{jb}$ ——节点剪力增大系数，对于框架结构，一级取 1.50，二级取
1.35，三级取 1.20；对于其他结构中的框架，一级取 1.35，
二级取 1.20，三级取 1.10；

$h_{b0}$、$h_b$ ——分别为梁的截面有效高度、截面高度，当节点两侧梁高不相同
时，取其平均值；

$H_c$ ——节点上柱和下柱反弯点之间的距离；

$a'_s$ ——梁纵向受压钢筋合力点至截面近边的距离。

（2）框架梁柱节点核心区的受剪水平截面应符合下列条件：

$$V_j \leqslant \frac{1}{\gamma_{RE}}(0.3\eta_j\beta_c f_c b_j h_j) \tag{4.4.5}$$

式中：$h_j$ ——框架节点核心区的截面高度，可取验算方向的柱截面高度 $h_c$；

$b_j$ ——框架节点核心区的截面有效验算宽度，当 $b_b$ 不小于 $b_c/2$ 时，可取 $b_c$；
当 $b_b$ 小于 $b_c/2$ 时，可取$(b_b + 0.5h_c)$ 和 $b_c$ 中的较小值；当梁与柱的中
线不重合，且偏心距 $e_0$ 不大于 $b_c/4$ 时，可取$(b_b + 0.5h_c)$、$(0.5b_b +$
$0.5b_c + 0.25h_c - e_0)$ 和 $b_c$ 三者中的最小值；此处，$b_b$ 为验算方向梁截
面宽度，$b_c$ 为该侧柱截面宽度；

$\eta_j$ ——正交梁对节点的约束影响系数：当楼板为现浇、梁柱中线重合、四
侧各梁截面宽度不小于该侧柱截面宽度 1/2，且正交方向梁高度不
小于较高框架梁高度的 3/4 时，可取 $\eta_j = 1.5$，但对 9 度设防烈度
宜取 $\eta_j = 1.25$；当不满足上述约束条件时，应取 $\eta_j = 1.00$。

（3）框架梁柱节点的抗震受剪承载力应符合下列规定：

1）9 度设防烈度的一级抗震等级框架

$$V_j \leqslant \frac{1}{\gamma_{RE}}\left[0.9\eta_j f_t b_j h_j + f_{yv} A_{svj}\frac{h_{b0} - a'_s}{s}\right] \tag{4.4.6}$$

2）其他情况

$$V_j \leqslant \frac{1}{\gamma_{RE}}\left[1.1\eta_j f_t b_j h_j + 0.05\eta_j N\frac{b_j}{b_c} + f_{yv} A_{svj}\frac{h_{b0} - a'_s}{s}\right] \tag{4.4.7}$$

式中：$N$——对应于考虑地震作用组合剪力设计值的节点上柱底部的轴向力设计
　　　　　值；当 $N$ 为压力时，取轴向压力设计值的较小值，且当 $N$ 大于
　　　　　$0.5f_cb_ch_c$ 时，取 $0.5f_cb_ch_c$；当 $N$ 为拉力时，取 $N=0$；

　　　$A_{svj}$——核心区有效验算宽度范围内同一截面验算方向箍筋各肢的全部截面
　　　　　面积；

　　　$h_{b0}$——框架梁截面有效高度，节点两侧梁截面高度不等时取平均值。

（4）圆柱框架的梁柱节点，当梁中线与柱中线重合时，其受剪水平截面应符
合下列条件：

$$V_j \leqslant \frac{1}{\gamma_{RE}}(0.3\eta_j\beta_cf_cA_j) \tag{4.4.8}$$

式中：$A_j$——节点核心区有效截面面积：当梁宽 $b_b \geqslant 0.5D$ 时，取 $A_j = 0.8D^2$；
　　　　　当 $0.4D \leqslant b_b < 0.5D$ 时，取 $A_j = 0.8D(b_b + 0.5D)$；

　　　$D$——圆柱截面直径；

　　　$b_b$——梁的截面宽度；

　　　$\eta_j$——正交梁对节点的约束影响系数。

（5）圆柱框架的梁柱节点，当梁中线与柱中线重合时，其抗震受剪承载力应
符合下列规定：

1）9 度设防烈度的一级抗震等级框架

$$V_j \leqslant \frac{1}{\gamma_{RE}}\left[1.2\eta_jf_tA_j + 1.57f_{yv}A_{sh}\frac{h_{b0}-a'_s}{s} + f_{yv}A_{svj}\frac{h_{b0}-a'_s}{s}\right] \tag{4.4.9}$$

2）其他情况

$$V_j \leqslant \frac{1}{\gamma_{RE}}\left[\begin{array}{l}1.5\eta_jf_tA_j + 0.05\eta_j\dfrac{N}{D^2}A_j + 1.57f_{yv}A_{sh}\dfrac{h_{b0}-a'_s}{s}\\[2mm] + f_{yv}A_{svj}\dfrac{h_{b0}-a'_s}{s}\end{array}\right] \tag{4.4.10}$$

式中：$h_{b0}$——梁截面有效高度；

　　　$A_{sh}$——单根圆形箍筋的截面面积；

　　　$A_{svj}$——同一截面验算方向的拉筋和非圆形箍筋各肢的全部截面面积。

## 4.5　剪力墙及连梁

（1）一级抗震等级剪力墙各墙肢截面考虑地震作用组合的弯矩设计值，底部
加强部位应按墙肢截面地震组合弯矩设计值采用，底部加强部位以上部位应按墙
肢截面地震组合弯矩设计值乘增大系数，其值可取 1.2；剪力设计值应作相应
调整。

（2）考虑剪力墙的剪力设计值 $V_w$ 应按下列规定计算：

1) 底部加强部位

① 9 度设防烈度的一级抗震等级剪力墙

$$V_{\mathrm{w}} = 1.1 \frac{M_{\mathrm{wua}}}{M} V \tag{4.5.1}$$

② 其他情况

一级抗震等级 $\qquad V_{\mathrm{w}} = 1.6V \tag{4.5.2}$

二级抗震等级 $\qquad V_{\mathrm{w}} = 1.4V \tag{4.4.3}$

三级抗震等级 $\qquad V_{\mathrm{w}} = 1.2V \tag{4.5.4}$

四级抗震等级取地震作用组合下的剪力设计值。

2) 其他部位 $\qquad V_{\mathrm{w}} = V \tag{4.5.5}$

式中：$M_{\mathrm{wua}}$ ——剪力墙底部截面按实配钢筋截面面积、材料强度标准值且考虑承载力抗震调整系数计算的正截面抗震承载力所对应的弯矩值；有翼墙时应计入墙两侧各一倍翼墙厚度范围内的纵向钢筋；

　　$M$ ——考虑地震作用组合的剪力墙底部截面的弯矩设计值；

　　$V$ ——考虑地震作用组合的剪力墙的剪力设计值。

（3）剪力墙的受剪截面应符合下列要求：

当剪跨比大于 2.5 时

$$V_{\mathrm{w}} \leqslant \frac{1}{\gamma_{\mathrm{RE}}} (0.2\beta_{\mathrm{c}} f_{\mathrm{c}} b h_0) \tag{4.5.6}$$

当剪跨比不大于 2.5 时

$$V_{\mathrm{w}} \leqslant \frac{1}{\gamma_{\mathrm{RE}}} (0.15\beta_{\mathrm{c}} f_{\mathrm{c}} b h_0) \tag{4.5.7}$$

式中：$V_{\mathrm{w}}$ ——考虑地震作用组合的剪力墙的剪力设计值。

（4）剪力墙在偏心受压时的斜截面抗震受剪承载力应符合下列规定：

$$V_{\mathrm{w}} \leqslant \frac{1}{\gamma_{\mathrm{RE}}} \left[ \frac{1}{\lambda - 0.5} \left( 0.4 f_{\mathrm{t}} b h_0 + 0.1 N \frac{A_{\mathrm{w}}}{A} \right) + 0.8 f_{\mathrm{yv}} \frac{A_{\mathrm{sh}}}{s} h_0 \right] \tag{4.5.8}$$

式中：$N$ ——考虑地震作用组合的剪力墙轴向压力设计值中的较小者；当 $N$ 大于 $0.2 f_{\mathrm{c}} bh$ 时取 $0.2 f_{\mathrm{c}} bh$；

　　$\lambda$ ——计算截面处的剪跨比，$\lambda = M/(V h_0)$；当 $\lambda$ 小于 1.5 时取 1.5；当 $\lambda$ 大于 2.2 时取 2.2；此处，$M$ 为与设计剪力值 $V$ 对应的弯矩设计值；当计算截面与墙底之间的距离小于 $h_0/2$ 时，应按距离墙底 $h_0/2$ 处的弯矩设计值与剪力设计值计算。

（5）剪力墙在偏心受拉时的斜截面抗震受剪承载力应符合下列规定：

$$V_{\mathrm{w}} \leqslant \frac{1}{\gamma_{\mathrm{RE}}} \left[ \frac{1}{\lambda - 0.5} \left( 0.4 f_{\mathrm{t}} b h_0 - 0.1 N \frac{A_{\mathrm{w}}}{A} \right) + 0.8 f_{\mathrm{yv}} \frac{A_{\mathrm{sh}}}{s} h_0 \right] \tag{4.5.9}$$

式中：$N$ ——考虑地震作用组合的剪力墙轴向拉力设计值中的较大值。

注：当右边方括号内的计算值小于 $0.8f_{yv}\dfrac{A_{sh}}{s}h_0$ 时，取等于 $0.8f_{yv}\dfrac{A_{sh}}{s}h_0$。

（6）一级抗震等级的剪力墙，其水平施工缝处的受剪承载力应符合下列规定：

$$V_w \leqslant \frac{1}{\gamma_{RE}}(0.6f_yA_s + 0.8N) \tag{4.5.10}$$

式中：$N$——考虑地震作用组合的水平施工缝处的轴向力设计值，压力时取正值，拉力时取负值；

$A_s$——剪力墙水平施工缝处全部竖向钢筋截面面积，包括竖向分布钢筋、附加竖向插筋以及边缘构件（不包括两侧翼墙）纵向钢筋的总截面面积。

（7）筒体及剪力墙洞口连梁，当采用对称配筋时，其正截面受弯承载力应符合下列规定：

$$M_b \leqslant \frac{1}{\gamma_{RE}}\left[f_yA_s(h_0 - a'_s) + f_{yd}A_{sd}Z_{sd}\cos\alpha\right] \tag{4.5.11}$$

式中：$M_b$——考虑地震作用组合的剪力墙连梁梁端弯矩设计值；

$f_y$——纵筋抗拉强度设计值；

$f_{yd}$——对角斜筋抗拉强度设计值；

$A_s$——单侧受拉纵向钢筋截面面积；

$A_{sd}$——单侧对角斜筋截面面积，无斜筋时取 0；

$Z_{sd}$——计算截面对角斜筋至截面受压区合力点的距离；

$\alpha$——对角斜筋与梁纵轴线夹角；

$h_0$——连梁截面有效高度。

（8）筒体及剪力墙洞口连梁的剪力设计值 $V_{wb}$ 应按下列规定计算：

1）9 度设防烈度的一级抗震等级框架

$$V_{wb} = 1.1\frac{M^l_{bua} + M^r_{bua}}{l_n} + V_{Gb} \tag{4.5.12}$$

2）其他情况 $\qquad V_{wb} = \eta_{vb}\dfrac{M^l_b + M^r_b}{l_n} + V_{Gb} \tag{4.5.13}$

式中：$M^l_{bua}$、$M^r_{bua}$——分别为连梁左、右端顺时针或反时针方向实配的受弯承载力所对应的弯矩值，应按实配钢筋面积（计入受压钢筋）和材料强度标准值并考虑承载力抗震调整系数计算。

$M^l_b$、$M^r_b$——分别为考虑地震作用组合的筒体及剪力墙连梁左、右梁端弯矩设计值。应分别按顺时针方向和逆时针方向计算 $M^l_b$ 与 $M^r_b$ 之和，并取其较大值。对一级抗震等级，当两端弯矩均为负弯矩时，绝对值较小的弯矩值应取零。

$l_n$——连梁净跨。

$V_{Gb}$——考虑地震作用组合时的重力荷载代表值产生的剪力设计值，可按简支梁计算确定。

$\eta_{vb}$——连梁剪力增大系数。对于普通箍筋连梁，一级抗震等级取1.3，二级取1.2，三级取1.1，四级取1.0；配置有斜向钢筋的连梁 $\eta_{vb}$ 取1.0。

（9）各抗震等级的剪力墙及筒体洞口连梁，当配置普通箍筋时，其截面限制条件及斜截面受剪承载力应符合下列规定：

1）跨高比大于2.5时

① 受剪截面应符合下列要求：

$$V_{wb} \leqslant \frac{1}{\gamma_{RE}}(0.20\beta_c f_c b h_0) \tag{4.5.14}$$

② 连梁的斜截面受剪承载力应符合下列要求：

$$V_{wb} \leqslant \frac{1}{\gamma_{RE}}(0.42 f_t b h_0 + \frac{A_{sv}}{s} f_{yv} h_0) \tag{4.5.15}$$

2）跨高比不大于2.5时

① 受剪截面应符合下列要求：

$$V_{wb} \leqslant \frac{1}{\gamma_{RE}}(0.15\beta_c f_c b h_0) \tag{4.5.16}$$

② 连梁的斜截面受剪承载力应符合下列要求：

$$V_{wb} \leqslant \frac{1}{\gamma_{RE}}(0.38 f_t b h_0 + 0.9 \frac{A_{sv}}{s} f_{yv} h_0) \tag{4.5.17}$$

式中：$f_t$——混凝土抗拉强度设计值；

$f_{yv}$——箍筋抗拉强度设计值；

$A_{sv}$——配置在同一截面内的箍筋截面面积。

（10）对于一、二级抗震等级的连梁，当跨高比不大于2.5时，除普通箍筋外宜另配置斜向交叉钢筋，其截面限制条件及斜截面受剪承载力可按下列规定计算：

1）当洞口连梁截面宽度不小于250mm时，可采用交叉斜筋配筋（图4.5.1），其截面限制条件及斜截面受剪承载力应符合下列规定：

① 受剪截面应符合下列要求：

$$V_{wb} \leqslant \frac{1}{\gamma_{RE}}(0.25\beta_c f_c b h_0) \tag{4.5.18}$$

② 连梁的斜截面受剪承载力应符合下列要求：

$$V_{wb} \leqslant \frac{1}{\gamma_{RE}}[0.4 f_t b h_0 + (2.0\sin\alpha + 0.6\eta) f_{yd} A_{sd}] \tag{4.5.19}$$

$$\eta = (f_{sv}A_{sv}h_0)/(sf_{yd}A_{yd}) \tag{4.5.20}$$

式中：$\eta$——箍筋与对角斜筋的配筋强度比，当小于 0.6 时取 0.6，当大于 1.2 时
取 1.2；

$\alpha$——对角斜筋与梁纵轴的夹角；

$f_{yd}$——对角斜筋的抗拉强度设计值；

$A_{sd}$——单向对角斜筋的截面面积；

$A_{sv}$——同一截面内箍筋各肢的全部截面面积。

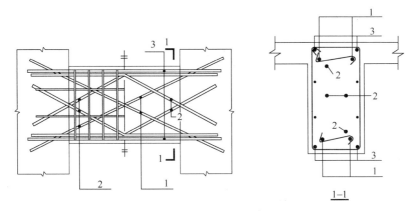

图 4.5.1 交叉斜筋配筋连梁

1—对角斜筋；2—折线筋；3—纵向钢筋

2）当连梁截面宽度不小于 400mm 时，可采用集中对角斜筋配筋（图 4.5-
2）或对角暗撑配筋（图 4.5-3），其截面限制条件及斜截面受剪承载力应符合下
列规定：

① 受剪截面应符合式（4.5.18）的要求。

② 斜截面受剪承载力应符合下列要求：

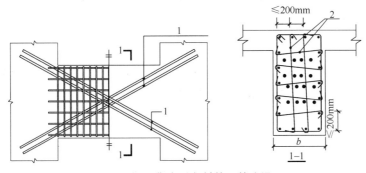

图 4.5.2 集中对角斜筋配筋连梁

1—对角斜筋；2—拉筋

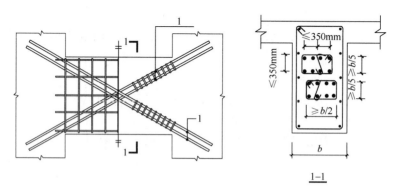

图 4.5.3  对角暗撑配筋连梁

1—对角暗撑

$$V_{wb} \leqslant \frac{2}{\gamma_{RE}} f_{yd} A_{sd} \sin\alpha \tag{4.5.21}$$

（11）一、二、三级抗震等级的剪力墙，其底部加强部位在重力荷载代表值作用下的墙肢轴压比不宜超过表 4.5.1 限值。

**剪力墙轴压比限值**　　　　　　　　　　　　表 4.5.1

| 抗震等级（设防烈度） | 一级（9度） | 一级（7、8度） | 二级、三级 |
|:---:|:---:|:---:|:---:|
| 轴压比限值 | 0.4 | 0.5 | 0.6 |

注：剪力墙肢轴压比指在重力荷载代表值作用下墙的轴压力设计值与墙的全截面面积和混凝土轴心抗压强度设计值乘积的比值。

## 4.6  板柱节点

（1）在地震组合下，配置箍筋或栓钉的板柱节点，受冲切截面及受冲切承载力应符合下列要求：

1）受冲切截面　　　$F_{l,eq} \leqslant \dfrac{1}{\gamma_{RE}} (1.2 f_t \eta \, u_m h_0)$　　　　　　　（4.6.1）

式中：$u_m$——计算截面的周长，取距离局部荷载或集中反力作用面积周边 $h_0/2$ 处板垂直截面的最不利周长。

2）受冲切承载力　　$F_{l,eq} \leqslant \dfrac{1}{\gamma_{RE}} \big[ (0.3 f_t + 0.15 \sigma_{pc,m}) \eta \, u_m h_0 + 0.8 f_{yv} A_{svu} \big]$

（4.6.2）

式中：$u_m$——计算截面的周长，取距离局部荷载或集中反力作用面积周边 $h_0/2$ 处板垂直截面的最不利周长。

3) 对配置抗冲切钢筋的冲切破坏锥体以外的截面，尚应按下式进行受冲切承载力验算：

$$F_{l,\text{eq}} \leqslant \frac{1}{\gamma_{\text{RE}}}(0.42f_{\text{t}} + 0.15\sigma_{\text{pc,m}})\eta\, u_{\text{m}}h_0 \tag{4.6.3}$$

式中：$u_{\text{m}}$——临界截面的周长，取最外排抗冲切钢筋周边以外 $h_0/2$ 处的最不利周长。

（2）沿两个主轴方向贯通节点柱截面的连续预应力钢筋及板底纵向普通钢筋，应符合下列要求：

$$f_{\text{py}}A_{\text{p}} + f_{\text{y}}A_{\text{s}} \geqslant N_{\text{G}} \tag{4.6.4}$$

式中：$A_{\text{s}}$——贯通柱截面的板底纵向普通钢筋截面面积；对一端在柱截面对边按受拉弯折锚固的普通钢筋，截面面积按一半计算；

　　　$A_{\text{p}}$——贯通柱截面连续预应力筋截面面积；对一端在柱截面对边锚固的预应力筋，截面面积按一半计算；

　　　$f_{\text{py}}$——预应力筋抗拉强度设计值；

　　　$N_{\text{G}}$——在本层楼板重力荷载代表值作用下的柱轴压力。

# 5 规范中附录计算

## 5.1 近似计算偏压构件侧移二阶效应的增大系数

（1）在框架结构、剪力墙结构、框架-剪力墙结构及筒体结构中，当采用增大系数法近似计算结构因侧移产生的二阶效应（$P-\Delta$ 效应）时，应对未考虑 $P-\Delta$ 效应的一阶弹性分析所得的柱、墙肢端弯矩和梁端弯矩以及层间位移分别按公式（5.1.1）和公式（5.1.2）乘以增大系数 $\eta_s$：

$$\begin{cases} M = M_{ns} + \eta_s M_s & (5.1.1) \\ \Delta = \eta_s \Delta_1 & (5.1.2) \end{cases}$$

式中：$M_s$——引起结构侧移的荷载或作用所产生的一阶弹性分析构件端弯矩设计值；

$M_{ns}$——不引起结构侧移荷载产生的一阶弹性分析构件端弯矩设计值；

$\Delta_1$——一阶弹性分析的层间位移；

$\eta_s$——$P-\Delta$ 效应增大系数，其中，梁端 $\eta_s$ 取为相应节点处上、下柱端或上、下墙肢端 $\eta_s$ 的平均值。

（2）在框架结构中，所计算楼层各柱的 $\eta_s$ 可按下列公式计算：

$$\eta_s = \frac{1}{1 - \dfrac{\sum N_j}{D H_0}} \qquad (5.1.3)$$

式中：$D$——所计算楼层的侧向刚度；

$N_j$——所计算楼层第 $j$ 列柱轴力设计值；

$H_0$——所计算楼层的层高。

（3）剪力墙结构、框架-剪力墙结构、筒体结构中的 $\eta_s$ 可按下列公式计算：

$$\eta_s = \frac{1}{1 - 0.14 \dfrac{H^2 \sum G}{E_c J_d}} \qquad (5.1.4)$$

式中：$\sum G$——各楼层重力荷载设计值之和；

$E_c J_d$——与所设计结构等效的竖向等截面悬臂受弯构件的弯曲刚度，可按该悬臂受弯构件与所设计结构在倒三角形分布水平荷载下顶点位移相等的原则计算；

$H$——结构总高度。

（4）排架结构柱考虑二阶效应的弯矩设计值可按下列公式计算：

$$M = \eta_s M_0 \tag{5.1.5}$$

$$\eta_s = 1 + \frac{1}{1500 e_i/h_0}\left(\frac{l_0}{h}\right)^2 \zeta_c \tag{5.1.6}$$

$$\zeta_c = \frac{0.5 f_c A}{N} \tag{5.1.7}$$

$$e_i = e_0 + e_a \tag{5.1.8}$$

式中：$\zeta_c$——截面曲率修正系数；当 $\zeta_c > 1.0$ 时，取 $\zeta_c = 1.0$；

$e_i$——初始偏心距；

$M_0$——一阶弹性分析柱端弯矩设计值；

$e_0$——轴向压力对截面重心的偏心距，$e_0 = M_0/N$；

$e_a$——附加偏心距，其值取 20mm 和偏心方向截面最大尺寸的 1/30 两者中的较大值；

$l_0$——排架柱的计算长度；

$h$、$h_0$——分别为所考虑弯曲方向柱的截面高度和截面有效高度；

$A$——柱的截面面积。对于 I 形截面取：$A = bh + 2(b_f - b)h'_f$。

注：1. 计算各类结构中的弯矩增大系数 $\eta_s$ 时，宜对构件的弹性抗弯刚度 $E_c I$ 乘以折减系数：对梁，取 0.4；对柱，取 0.6；对剪力墙肢及核心筒壁墙肢，取 0.45；当计算各结构中位移的增大系数 $\eta_s$ 时，不对刚度进行折减。

2. 当验算表明剪力墙肢或核心筒壁墙肢各控制截面不开裂时，计算弯矩增大系数 $\eta_s$ 时的刚度折减系数可取为 0.7。

## 5.2 钢筋、混凝土本构关系与混凝土多轴强度准则

### 5.2.1 钢筋本构关系

（1）普通钢筋的屈服强度及极限强度的平均值 $f_{ym}$、$f_{stm}$ 可按下列公式计算：

$$f_{ym} = f_{yk}/(1 - 1.645\delta_s) \tag{5.2.1}$$

$$f_{stm} = f_{stk}/(1 - 1.645\delta_s) \tag{5.2.2}$$

式中：$f_{yk}$、$f_{ym}$——钢筋屈服强度的标准值、平均值；

$f_{stk}$、$f_{stm}$——钢筋极限强度的标准值、平均值；

$\delta_s$——钢筋强度的变异系数，宜根据试验统计确定。

（2）钢筋单调加载的应力-应变本构关系曲线（图 5.2.1）可按下列规定确定。

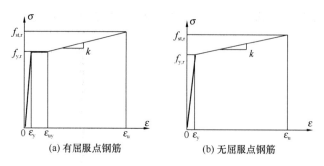

(a) 有屈服点钢筋　　　　(b) 无屈服点钢筋

图 5.2.1　钢筋单调受拉应力-应变曲线

1）有屈服点钢筋

$$\sigma_s = \begin{cases} E_s\varepsilon_s & \varepsilon_s \leqslant \varepsilon_y \\ f_{y,r} & \varepsilon_y < \varepsilon_s \leqslant \varepsilon_{uy} \\ f_{y,r} + k(\varepsilon_s - \varepsilon_{uy}) & \varepsilon_{uy} < \varepsilon_s \leqslant \varepsilon_u \\ 0 & \varepsilon_s > \varepsilon_u \end{cases} \quad (5.2.3)$$

2）无屈服点钢筋

$$\sigma_p = \begin{cases} E_s\varepsilon_s & \varepsilon_s \leqslant \varepsilon_y \\ f_{y,r} + k(\varepsilon_s - \varepsilon_y) & \varepsilon_y < \varepsilon_s \leqslant \varepsilon_u \\ 0 & \varepsilon_s > \varepsilon_u \end{cases} \quad (5.2.4)$$

式中：$E_s$ ——钢筋的弹性模量；

$\sigma_s$、$\varepsilon_s$ ——分别为钢筋应力、应变；

$f_{y,r}$ ——钢筋的屈服强度代表值，其值可根据实际结构分析需要分别取 $f_y$、$f_{yk}$ 或 $f_{ym}$；

$f_{st,r}$ ——钢筋极限强度代表值，其值可根据实际结构分析需要分别取 $f_{st}$、$f_{stk}$ 或 $f_{stm}$；

$\varepsilon_y$ ——与 $f_{y,r}$ 相应的钢筋屈服应变，可取 $f_{y,r}/E_s$；

$\varepsilon_{uy}$ ——钢筋硬化起点应变；

$\varepsilon_u$ ——与 $f_{st,r}$ 相应的钢筋峰值应变；

$k$ ——钢筋硬化段斜率，$k = (f_{st,r} - f_{y,r})/(\varepsilon_u - \varepsilon_{uy})$。

（3）钢筋反复加载的应力-应变本构关系曲线（图 5.2.2）宜按下列公式确定，也可采用简化的折线形式表达。

$$\sigma_s = E_s(\varepsilon_s - \varepsilon_a) - \left(\frac{\varepsilon_s - \varepsilon_a}{\varepsilon_b - \varepsilon_a}\right)^P [E_s(\varepsilon_b - \varepsilon_a) - \sigma_b] \quad (5.2.5)$$

$$p = \frac{(E_s - k)(\varepsilon_b - \varepsilon_a)}{E_s(\varepsilon_b - \varepsilon_a) - \sigma_b} \quad (5.2.6)$$

式中：$\varepsilon_a$ ——再加载路径起点对应的应变；

$\sigma_b$、$\varepsilon_b$ ——再加载路径终点对应的应力和应变，如再加载方向钢筋未曾屈服过，则 $\sigma_b$、$\varepsilon_b$ 取钢筋初始屈服点的应力应变，如再加载方向钢筋已经屈服过，则取该方向钢筋历史最大应变。

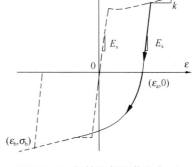

图 5.2.2 钢筋反复加载应力-应变曲线

### 5.2.2 混凝土本构关系

（1）混凝土的抗压强度及抗拉强度的平均值 $f_{cm}$、$f_{tm}$ 可按下列公式计算：

$$f_{cm} = f_{ck}/(1 - 1.645\delta_c) \quad (5.2.7)$$

$$f_{tm} = f_{tk}/(1 - 1.645\delta_c) \quad (5.2.8)$$

式中：$f_{cm}$、$f_{ck}$ ——混凝土抗压强度的平均值、标准值；

$f_{tm}$、$f_{tk}$ ——混凝土抗拉强度的平均值、标准值；

$\delta_c$ ——混凝土强度变异系数，宜根据试验统计确定。

（2）混凝土单轴受拉的应力-应变曲线（图 5.2.3）可按下列公式确定：

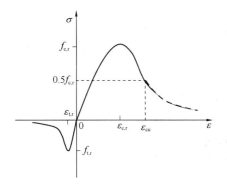

图 5.2.3 混凝土单轴应力-应变曲线

注：混凝土受拉、受压的应力-应变曲线示意图绘于同一坐标系中，但取不同的比例。

符号取"受拉为负、受压为正"。

$$\sigma = (1 - d_t)E_c\varepsilon \quad (5.2.9)$$

$$d_t = \begin{cases} 1 - \rho_t[1.2 - 0.2x^5] & x \leqslant 1 \\ 1 - \dfrac{\rho_t}{\alpha_t(x-1)^{1.7} + x} & x > 1 \end{cases} \quad (5.2.10)$$

$$x = \frac{\varepsilon}{\varepsilon_{t,r}} \quad (5.2.11)$$

$$\rho = \frac{f_{t,r}}{E_c\varepsilon_{t,r}} \quad (5.2.12)$$

式中：$\alpha_t$ ——混凝土单轴受拉应力-应变曲线下降段的参数值；

$f_{t,r}$ ——混凝土的单轴抗拉强度代表值，其值可根据实际结构分析需要分别取 $f_t$、$f_{tk}$ 或 $f_{tm}$；

$\varepsilon_{t,r}$——与单轴抗拉强度代表值 $f_{t,r}$ 相应的混凝土峰值拉应变，按表5.2.1
取用；

$d_t$——混凝土单轴受拉损伤演化参数。

混凝土单轴受拉应力-应变曲线的参数取值　　　　表5.2.1

| $f_{t,r}$ (N/mm²) | 1.0 | 1.5 | 2.0 | 2.5 | 3.0 | 3.5 | 4.0 |
|---|---|---|---|---|---|---|---|
| $\varepsilon_{t,r}$ (10⁻⁶) | 65 | 81 | 95 | 107 | 118 | 128 | 137 |
| $\alpha_t$ | 0.31 | 0.70 | 1.25 | 1.95 | 2.81 | 3.82 | 5.00 |

（3）混凝土单轴受压的应力-应变曲线（图5.2.3）可按下列公式确定：

$$\sigma = (1 - d_c) E_c \varepsilon \tag{5.2.13}$$

$$d_c = \begin{cases} 1 - \dfrac{\rho_c n}{n - 1 + x^n} & x \leqslant 1 \\[3mm] 1 - \dfrac{\rho_c}{\alpha_c (x-1)^2 + x} & x > 1 \end{cases} \tag{5.2.14}$$

$$\rho_c = \frac{f_{c,r}}{E_c \varepsilon_{c,r}} \tag{5.2.15}$$

$$n = \frac{E_c \varepsilon_{c,r}}{E_c \varepsilon_{c,r} - f_{c,r}} \tag{5.2.16}$$

$$x = \frac{\varepsilon}{\varepsilon_{c,r}} \tag{5.2.17}$$

式中：$\alpha_c$——混凝土单轴受压应力-应变曲线下降段参数值，按表5.2.2取用；

$f_{c,r}$——混凝土单轴抗压强度代表值，其值可根据实际结构分析的需要分别
取 $f_c$、$f_{ck}$ 或 $f_{cm}$；

$\varepsilon_{c,r}$——与单轴抗压强度 $f_{c,r}$ 相应的混凝土峰值压应变，按表5.2.2取用；

$d_c$——混凝土单轴受压损伤演化参数。

混凝土单轴受压应力-应变曲线的参数取值　　　　表5.2.2

| $f_{c,r}$ (N/mm²) | 20 | 25 | 30 | 35 | 40 | 45 | 50 | 55 | 60 | 65 | 70 | 75 | 80 |
|---|---|---|---|---|---|---|---|---|---|---|---|---|---|
| $\varepsilon_{c,r}$ (10⁻⁶) | 1470 | 1560 | 1640 | 1720 | 1790 | 1850 | 1920 | 1980 | 2030 | 2080 | 2130 | 2190 | 2240 |
| $\alpha_c$ | 0.74 | 1.06 | 1.36 | 1.65 | 1.94 | 2.21 | 2.48 | 2.74 | 3.00 | 3.25 | 3.50 | 3.75 | 3.99 |
| $\varepsilon_{cu}/\varepsilon_{c,r}$ | 3.0 | 2.6 | 2.3 | 2.1 | 2.0 | 1.9 | 1.9 | 1.8 | 1.8 | 1.7 | 1.7 | 1.7 | 1.6 |

注：$\varepsilon_{cu}$ 为应力-应变曲线下降段应力等于 $0.5 f_{c,r}$ 时的混凝土压应变。

（4）在重复荷载作用下，受压混凝土卸载及再加载应力路径（图5.2.4）可
按下列公式确定：

$$\sigma = E_r(\varepsilon - \varepsilon_z) \tag{5.2.18}$$

$$E_r = \frac{\sigma_{un}}{\varepsilon_{un} - \varepsilon_z} \tag{5.2.19}$$

$$\varepsilon_z = \varepsilon_{un} - \left( \frac{(\varepsilon_{un} + \varepsilon_{ca})\sigma_{un}}{\sigma_{un} + E_c\varepsilon_{ca}} \right) \tag{5.2.20}$$

$$\varepsilon_{ca} = \max\left( \frac{\varepsilon_c}{\varepsilon_c + \varepsilon_{un}}, \frac{0.09\varepsilon_{un}}{\varepsilon_c} \right)\sqrt{\varepsilon_c\varepsilon_{un}} \tag{5.2.21}$$

式中：$\sigma$ ——受压混凝土的压应力；

　　$\varepsilon$ ——受压混凝土的压应变；

　　$\varepsilon_z$ ——受压混凝土卸载至零应力
　　　　点时的残余应变；

　　$E_r$ ——受压混凝土卸载/再加载
　　　　的变形模量；

$\sigma_{un}$、$\varepsilon_{un}$ ——分别为受压混凝土从骨架
　　　　线开始卸载时的应力和
　　　　应变；

　　$\varepsilon_{ca}$ ——附加应变；

　　$\varepsilon_c$ ——混凝土受压峰值应力对应
　　　　的应变。

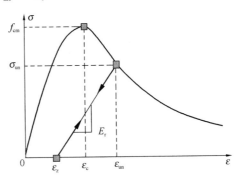

图5.2.4　重复荷载作用下混凝土
应力-应变曲线

（5）混凝土在双轴加载、卸载条件下的本构关系可采用损伤模型或弹塑性模型。
弹塑性本构关系可采用弹塑性增量本构理论，损伤本构关系按下列公式确定：

1）双轴受拉区（$\sigma'_1 < 0$，$\sigma'_2 < 0$）

① 加载方程

$$\begin{Bmatrix} \sigma_1 \\ \sigma_2 \end{Bmatrix} = (1 - d_t)\begin{Bmatrix} \sigma'_1 \\ \sigma'_2 \end{Bmatrix} \tag{5.2.22}$$

$$\varepsilon_{t,e} = -\sqrt{\frac{1}{1-\nu^2}\left[(\varepsilon_1)^2 + (\varepsilon_2)^2 + 2\nu\varepsilon_1\varepsilon_2\right]} \tag{5.2.23}$$

$$\begin{Bmatrix} \sigma'_1 \\ \sigma'_2 \end{Bmatrix} = \frac{E_c}{1-\nu^2}\begin{bmatrix} 1 & \nu \\ \nu & 1 \end{bmatrix}\begin{Bmatrix} \varepsilon_1 \\ \varepsilon_2 \end{Bmatrix} \tag{5.2.24}$$

式中：$d_t$ ——受拉损伤演化参数；

　　$\varepsilon_{t,e}$ ——受拉能量等效应变；

$\sigma'_1$、$\sigma'_2$ ——有效应力；

　　$\nu$ ——混凝土泊松比，可取 $0.18 \sim 0.22$。

② 卸载方程

$$\left\{\begin{matrix} \sigma_1 - \sigma_{un,1} \\ \sigma_2 - \sigma_{un,2} \end{matrix}\right\} = (1-d_t)\frac{E_c}{1-\nu^2}\begin{bmatrix} 1 & \nu \\ \nu & 1 \end{bmatrix}\left\{\begin{matrix} \varepsilon_1 - \varepsilon_{un,1} \\ \varepsilon_2 - \varepsilon_{un,2} \end{matrix}\right\} \tag{5.2.25}$$

式中：$\sigma_{un,1}$、$\sigma_{un,2}$、$\varepsilon_{un,1}$、$\varepsilon_{un,2}$——二维卸载点处的应力、应变。

2）双轴受压区（$\sigma'_1 \geqslant 0, \sigma'_2 \geqslant 0$）

① 加载方程

$$\left\{\begin{matrix} \sigma_1 \\ \sigma_2 \end{matrix}\right\} = (1-d_c)\left\{\begin{matrix} \sigma'_1 \\ \sigma'_2 \end{matrix}\right\} \tag{5.2.26}$$

$$\varepsilon_{c,e} = \frac{1}{(1-\nu^2)(1-\alpha_s)}\big[\alpha_s(1+\nu)(\varepsilon_1+\varepsilon_2) +$$

$$\sqrt{(\varepsilon_1+\nu\varepsilon_2)^2 + (\varepsilon_2+\nu\varepsilon_1)^2 - (\varepsilon_1+\nu\varepsilon_2)(\varepsilon_2+\nu\varepsilon_1)}\big] \tag{5.2.27}$$

$$\alpha_s = \frac{r-1}{2r-1} \tag{5.2.28}$$

式中：$d_c$——受压损伤演化参数；

$\varepsilon_{c,e}$——受压能量等效应变；

$\alpha_s$——受剪屈服参数；

$r$——双轴受压强度提高系数，取值范围 $1.15 \sim 1.30$，可根据试验数据确定，在缺乏试验数据时可取 $1.2$。

② 卸载方程

$$\left\{\begin{matrix} \sigma_1 - \sigma_{un,1} \\ \sigma_2 - \sigma_{un,2} \end{matrix}\right\} = (1-\eta_d d_c)\frac{E_c}{1-\nu^2}\begin{bmatrix} 1 & \nu \\ \nu & 1 \end{bmatrix}\left\{\begin{matrix} \varepsilon_1 - \varepsilon_{un,1} \\ \varepsilon_2 - \varepsilon_{un,2} \end{matrix}\right\} \tag{5.2.29}$$

$$\eta_d = \frac{\varepsilon_{c,e}}{\varepsilon_{c,e} + \varepsilon_{ca}} \tag{5.2.30}$$

式中：$\eta_d$——塑性因子；

$\varepsilon_{ca}$——附加应变。

3）双轴拉压区（$\sigma'_1 < 0, \sigma'_2 \geqslant 0$）或（$\sigma'_1 \geqslant 0, \sigma'_2 < 0$）

① 加载方程

$$\left\{\begin{matrix} \sigma_1 \\ \sigma_2 \end{matrix}\right\} = \begin{bmatrix} (1-d_t) & 0 \\ 0 & (1-d_c) \end{bmatrix}\left\{\begin{matrix} \sigma'_1 \\ \sigma'_2 \end{matrix}\right\} \tag{5.2.31}$$

$$\varepsilon_{t,e} = -\sqrt{\frac{1}{(1-\nu^2)}\varepsilon_1(\varepsilon_1+\gamma\varepsilon_2)} \tag{5.2.32}$$

式中：$d_t$——受拉损伤演化参数；

$d_c$——受压损伤演化参数；

$\varepsilon_{t,e}$、$\varepsilon_{c,e}$——能量等效应变。

② 卸载方程

$$\left\{\begin{matrix} \sigma_1 - \sigma_{un,1} \\ \sigma_2 - \sigma_{un,2} \end{matrix}\right\} = \frac{E_c}{1-\nu^2}\left[\begin{matrix} (1-d_t) & (1-d_t)\nu \\ (1-\eta_d d_c)\nu & (1-\eta_d d_c) \end{matrix}\right]\left\{\begin{matrix} \varepsilon_1 - \varepsilon_{un,1} \\ \varepsilon_2 - \varepsilon_{un,2} \end{matrix}\right\} \quad (5.2.33)$$

式中：$\eta_d$ ——塑性因子。

### 5.2.3 钢筋-混凝土粘结滑移本构关系

混凝土与热轧带肋钢筋之间的粘结应力-滑移（$\tau$-$s$）本构关系曲线（图 5.2.5）可按下列规定确定，曲线特征点的参数值可按表 5.2.3 取用。

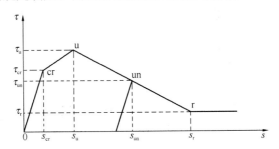

图 5.2.5 混凝土与钢筋间的粘结应力-滑移曲线

$$\text{线性段} \qquad \tau = k_1 s \qquad 0 \leqslant s \leqslant s_{cr} \qquad (5.2.34)$$
$$\text{劈裂段} \qquad \tau = \tau_{cr} + k_2(s - s_{cr}) \qquad s_{cr} < s \leqslant s_u \qquad (5.2.35)$$
$$\text{下降段} \qquad \tau = \tau_u + k_3(s - s_u) \qquad s_u < s \leqslant s_r \qquad (5.2.36)$$
$$\text{残余段} \qquad \tau = \tau_r \qquad s > s_r \qquad (5.2.37)$$
$$\text{卸载段} \qquad \tau = \tau_{un} + k_1(s - s_{un}) \qquad (5.2.38)$$

式中：$\tau$ ——混凝土与热轧带肋钢筋之间的粘结应力（N/mm$^2$）；

$\quad s$ ——混凝土与热轧带肋钢筋之间的相对滑移（mm）；

$\quad k_1$ ——线性段斜率，$\tau_{cr}/s_{cr}$；

$\quad k_2$ ——劈裂段斜率，$(\tau_u - \tau_{cr})/(s_u - s_{cr})$；

$\quad k_3$ ——下降段斜率，$(\tau_r - \tau_u)/(s_r - s_u)$；

$\quad \tau_{un}$ ——卸载点的粘结应力（N/mm$^2$）；

$\quad s_{un}$ ——卸载点的相对滑移（mm）。

混凝土与钢筋间粘结应力-滑移曲线的参数值      表 5.2.3

| 特征点 | 劈裂（cr） | | 峰值（u） | | 残余（r） | |
|---|---|---|---|---|---|---|
| 粘结应力（N/mm$^2$） | $\tau_{cr}$ | $2.5f_{t,r}$ | $\tau_u$ | $3f_{t,r}$ | $\tau_r$ | $f_{t,r}$ |
| 相对滑移（mm） | $s_{cr}$ | $0.025d$ | $s_u$ | $0.04d$ | $s_r$ | $0.55d$ |

注：表中 $d$ 为钢筋直径（mm）；$f_{t,r}$ 为混凝土的抗拉强度特征值（N/mm$^2$）。

### 5.2.4 混凝土强度准则

（1）在二轴应力状态下，混凝土的二轴强度由下列 4 条曲线连成的封闭曲线

（图 5.2.6）确定；也可以根据表 5.2.4-1、表 5.2.4-2 和表 5.2.4-3 所列的数值内插取值。

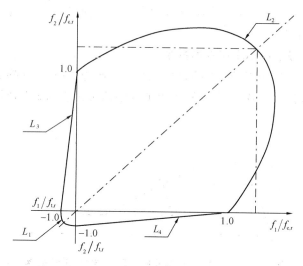

图 5.2.6 混凝土二轴应力的强度包络图

强度包络曲线方程应符合下列公式的规定：

$$
\begin{cases}
L_1: & f_1^2 + f_2^2 - 2\nu f_1 f_2 = (f_{t,r})^2 \\[2mm]
L_2: & \sqrt{f_1^2 + f_2^2 - f_1 f_2} - \alpha_s(f_1 + f_2) = (1-\alpha_s)f_{c,r} \\[2mm]
L_3: & \dfrac{f_2}{f_{c,r}} - \dfrac{f_1}{f_{t,r}} = 1 \\[2mm]
L_4: & \dfrac{f_1}{f_{c,r}} - \dfrac{f_2}{f_{t,r}} = 1
\end{cases}
\tag{5.2.39}
$$

式中：$\alpha_s$ ——受剪屈服参数。

混凝土在二轴拉-压应力状态下的抗拉、抗压强度　　　表 5.2.4-1

| $f_2/f_{t,r}$ | 0 | $-0.1$ | $-0.2$ | $-0.3$ | $-0.4$ | $-0.5$ | $-0.6$ | $-0.7$ | $-0.8$ | $-0.9$ | $-1.0$ |
|---|---|---|---|---|---|---|---|---|---|---|---|
| $f_1/f_{c,r}$ | 1.00 | 0.90 | 0.80 | 0.70 | 0.60 | 0.50 | 0.40 | 0.30 | 0.20 | 0.10 | 0.00 |

混凝土在二轴受压状态下的抗压强度　　　表 5.2.4-2

| $f_1/f_{c,r}$ | 1.0 | 1.05 | 1.10 | 1.15 | 1.20 | 1.25 | 1.29 | 1.25 | 1.20 | 1.16 |
|---|---|---|---|---|---|---|---|---|---|---|
| $f_2/f_{c,r}$ | 0 | 0.074 | 0.16 | 0.25 | 0.36 | 0.50 | 0.88 | 1.03 | 1.11 | 1.16 |

混凝土在二轴受拉状态下的抗拉强度　　　　表 5.2.4-3

| $f_1/f_{c,r}$ | −0.79 | −0.7 | −0.6 | −0.5 | −0.4 | −0.3 | −0.2 | −0.1 | 0 |
|---|---|---|---|---|---|---|---|---|---|
| $f_2/f_{t,r}$ | −0.79 | −0.86 | −0.93 | −0.97 | −1.00 | −1.02 | −1.02 | −1.02 | −1.00 |

（2）混凝土在三轴应力状态下的强度可按下列规定确定：

1）在三轴受拉（拉-拉-拉）应力状态下，混凝土的三轴抗拉强度 $f_3$ 均可取单轴抗拉强度的 0.9 倍；

2）三轴拉压（拉-拉-压、拉-压-压）应力状态下混凝土的三轴抗压强度 $f_1$ 可根据应力比 $\sigma_3/\sigma_1$ 和 $\sigma_2/\sigma_1$ 按图 5.2.7 确定，或根据表 5.2.5-1 内插取值，其最高强度不宜超过单轴抗压强度的 1.2 倍；

3）三轴受压（压-压-压）应力状态下混凝土的三轴抗压强度 $f_1$ 可根据应力比 $\sigma_3/\sigma_1$ 和 $\sigma_2/\sigma_1$ 按图 5.2.8 确定，或根据表 5.2.5-2 内插取值，其最高强度不宜超过单轴抗压强度的 3 倍。

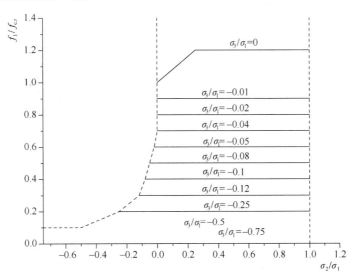

图 5.2.7 三轴拉-压应力状态下混凝土的三轴抗压强度

混凝土在三轴拉-压状态下抗压强度的调整系数（$f_1/f_{c,r}$）　表 5.2.5-1

| $\sigma_3/\sigma_1$ ＼ $\sigma_2/\sigma_1$ | −0.75 | −0.50 | −0.25 | −0.10 | −0.05 | 0 | 0.25 | 0.35 | 0.36 | 0.50 | 0.70 | 0.75 | 1.00 |
|---|---|---|---|---|---|---|---|---|---|---|---|---|---|
| −1.00 | 0 | 0 | 0 | 0 | 0 | 0 | 0 | 0 | 0 | 0 | 0 | 0 | 0 |
| −0.75 | 0.10 | 0.10 | 0.10 | 0.10 | 0.10 | 0.10 | 0.05 | 0.05 | 0.05 | 0.05 | 0.05 | 0.05 | 0.05 |
| −0.50 | — | 0.10 | 0.10 | 0.10 | 0.10 | 0.10 | 0.10 | 0.10 | 0.10 | 0.10 | 0.10 | 0.10 | 0.10 |

续表

| $\sigma_2/\sigma_1$<br>$\sigma_3/\sigma_1$ | −0.75 | −0.50 | −0.25 | −0.10 | −0.05 | 0 | 0.25 | 0.35 | 0.36 | 0.50 | 0.70 | 0.75 | 1.00 |
|---|---|---|---|---|---|---|---|---|---|---|---|---|---|
| −0.25 | — | — | 0.20 | 0.20 | 0.20 | 0.20 | 0.20 | 0.20 | 0.20 | 0.20 | 0.20 | 0.20 | 0.20 |
| −0.12 | — | — | — | 0.30 | 0.30 | 0.30 | 0.30 | 0.30 | 0.30 | 0.30 | 0.30 | 0.30 | 0.30 |
| −0.10 | — | — | — | 0.40 | 0.40 | 0.40 | 0.40 | 0.40 | 0.40 | 0.40 | 0.40 | 0.40 | 0.40 |
| −0.08 | — | — | — | — | 0.50 | 0.50 | 0.50 | 0.50 | 0.50 | 0.50 | 0.50 | 0.50 | 0.50 |
| −0.05 | — | — | — | — | 0.60 | 0.60 | 0.60 | 0.60 | 0.60 | 0.60 | 0.60 | 0.60 | 0.60 |
| −0.04 | — | — | — | — | — | 0.70 | 0.70 | 0.70 | 0.70 | 0.70 | 0.70 | 0.70 | 0.70 |
| −0.02 | — | — | — | — | — | 0.80 | 0.80 | 0.80 | 0.80 | 0.80 | 0.80 | 0.80 | 0.80 |
| −0.01 | — | — | — | — | — | 0.90 | 0.90 | 0.90 | 0.90 | 0.90 | 0.90 | 0.90 | 0.90 |
| 0 | — | — | — | — | — | 1.00 | 1.20 | 1.20 | 1.20 | 1.20 | 1.20 | 1.20 | 1.20 |

注：正号为压，负号为压。

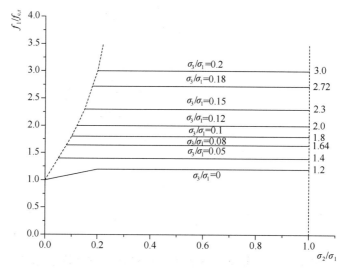

图 5.2.8 三轴受压状态下混凝土的三轴抗压强度

混凝土在三轴受压状态下抗压强度的提高系数 $(f_1/f_{c,r})$ 表 5.2.5-2

| $\sigma_2/\sigma_1$<br>$\sigma_3/\sigma_1$ | 0 | 0.05 | 0.10 | 0.15 | 0.20 | 0.25 | 0.30 | 0.40 | 0.60 | 0.80 | 1.00 |
|---|---|---|---|---|---|---|---|---|---|---|---|
| 0 | 1.00 | 1.05 | 1.10 | 1.15 | 1.20 | 1.20 | 1.20 | 1.20 | 1.20 | 1.20 | 1.20 |
| 0.05 | — | 1.40 | 1.40 | 1.40 | 1.40 | 1.40 | 1.40 | 1.40 | 1.40 | 1.40 | 1.40 |
| 0.08 | — | — | 1.64 | 1.64 | 1.64 | 1.64 | 1.64 | 1.64 | 1.64 | 1.64 | 1.64 |

| $\sigma_2/\sigma_1$<br>$\sigma_3/\sigma_1$ | 0 | 0.05 | 0.10 | 0.15 | 0.20 | 0.25 | 0.30 | 0.40 | 0.60 | 0.80 | 1.00 |
|---|---|---|---|---|---|---|---|---|---|---|---|
| 0.10 | — | — | 1.80 | 1.80 | 1.80 | 1.80 | 1.80 | 1.80 | 1.80 | 1.80 | 1.80 |
| 0.12 | — | — | — | 2.00 | 2.00 | 2.00 | 2.00 | 2.00 | 2.00 | 2.00 | 2.00 |
| 0.15 | — | — | — | 2.30 | 2.30 | 2.30 | 2.30 | 2.30 | 2.30 | 2.30 | 2.30 |
| 0.18 | — | — | — | — | 2.72 | 2.72 | 2.72 | 2.72 | 2.72 | 2.72 | 2.72 |
| 0.20 | — | — | — | — | 3.00 | 3.00 | 3.00 | 3.00 | 3.00 | 3.00 | 3.00 |

## 5.3 素混凝土结构构件设计

### 5.3.1 受压构件

（1）素混凝土受压构件，当按受压承载力计算时，不考虑受拉区混凝土的工作，并假定受压区的法向应力图形为矩形，其应力值取素混凝土的轴心抗压强度设计值，此时，轴向力作用点与受压区混凝土合力点相重合。

1）对称于弯矩作用平面的截面

$$N \leqslant \varphi f_{cc} A'_c \tag{5.3.1}$$

$$e_c = e_0 \tag{5.3.2}$$

$$e_0 \leqslant 0.9 y'_0 \tag{5.3.3}$$

2）矩形截面（图 5.3.1）

$$N \leqslant \varphi f_{cc} b(h - 2e_0) \tag{5.3.4}$$

式中：$N$ ——轴向压力设计值；

$\varphi$ ——素混凝土构件的稳定系数，按表 5.3.1 采用；

$f_{cc}$ ——素混凝土的轴心抗压强度设计值，按混凝土轴心抗压强度设计值 $f_c$ 乘以系数 0.85 取用；

$A'_c$ ——混凝土受压区的面积；

$e_c$ ——受压区混凝土的合力点至截面重心的距离；

$y'_0$ ——截面重心至受压区边缘的距离；

$b$ ——截面宽度；

$h$ ——截面高度。

素混凝土构件的稳定系数 $\varphi$　　　　表 5.3.1

| $l_0/b$ | <4 | 4 | 6 | 8 | 10 | 12 | 14 | 16 | 18 | 20 | 22 | 24 | 26 | 28 | 30 |
|---|---|---|---|---|---|---|---|---|---|---|---|---|---|---|---|
| $l_0/i$ | <14 | 14 | 21 | 28 | 35 | 42 | 49 | 56 | 63 | 70 | 76 | 83 | 90 | 97 | 104 |
| $\varphi$ | 1.00 | 0.98 | 0.96 | 0.91 | 0.86 | 0.82 | 0.77 | 0.72 | 0.68 | 0.63 | 0.59 | 0.55 | 0.51 | 0.47 | 0.44 |

注：在计算 $l_0/b$ 时，$b$ 的取值：对偏心受压构件，取弯矩作用平面的截面高度；对轴心受压构件，取截面短边尺寸。

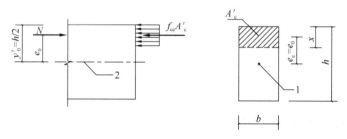

图 5.3.1　矩形截面的素混凝土受压构件受压承载力计算
1—重心；2—重心线

（2）对不允许开裂的素混凝土受压构件（如处于液体压力下的受压构件、女儿墙等），当 $e_0$ 不小于 $0.45\,y_0'$ 时，其受压承载力应按下列公式计算：

1）对称于弯矩作用平面的截面

$$N \leqslant \varphi \frac{\gamma f_{\mathrm{ct}} A}{\dfrac{e_0 A}{W} - 1} \tag{5.3.5}$$

2）矩形截面

$$N \leqslant \varphi \frac{\gamma f_{\mathrm{ct}} bh}{\dfrac{6e_0}{h} - 1} \tag{5.3.6}$$

式中：$f_{\mathrm{ct}}$ ——素混凝土轴心抗拉强度设计值，按混凝土轴心抗拉强度设计值 $f_{\mathrm{t}}$ 值乘以系数 0.55 取用；

　　　$\gamma$ ——截面抵抗矩塑性影响系数；

　　　$W$ ——截面受拉边缘的弹性抵抗矩；

　　　$A$ ——截面面积。

**5.3.2　受弯构件**

素混凝土受弯构件的受弯承载力应符合下列规定：

（1）对称于弯矩作用平面的截面

$$M \leqslant \gamma f_{\mathrm{ct}} W \tag{5.3.7}$$

（2）矩形截面

$$M \leqslant \frac{\gamma f_{\mathrm{ct}} bh_0^2}{6} \tag{5.3.8}$$

式中：$M$——弯矩设计值。

### 5.3.3 局部受压

素混凝土构件的局部受压承载力应符合下列规定：

（1）局部受压面上仅有局部荷载作用

$$F_l \leqslant \omega \beta_l f_{cc} A_l \qquad (5.3.9)$$

（2）局部受压面上尚有非局部荷载作用

$$F_l \leqslant \omega \beta_l (f_{cc} - \sigma) A_l \qquad (5.3.10)$$

式中：$F_l$——局部受压面上作用的局部荷载或局部压力设计值；

　　　$A_l$——局部受压面积；

　　　$\omega$——荷载分布的影响系数：当局部受压面上的荷载为均匀分布时，取 $\omega$ ＝1；当局部荷载为非均匀分布时（如梁、过梁等的端部支承面），取 $\omega$＝0.75；

　　　$\sigma$——非局部荷载设计值产生的混凝土压应力；

　　　$\beta_l$——混凝土局部受压时的强度提高系数。

## 5.4 任意截面、圆形及环形构件正截面承载力计算

（1）任意截面钢筋混凝土和预应力混凝土构件，其正截面承载力可按下列方法计算：

1）将截面划分为有限多个混凝土单元、纵向钢筋单元和预应力筋单元（图 5.4.1a），并近似取单元内应变和应力为均匀分布，其合力点在单元重心处。

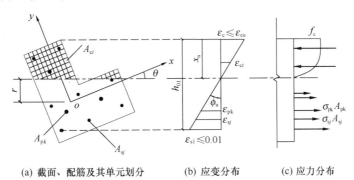

(a) 截面、配筋及其单元划分　　(b) 应变分布　　(c) 应力分布

图 5.4.1　任意截面构件正截面承载力计算

2）各单元的截面应变保持平面的假定由下列公式确定（图 5.4.1b）：

$$\varepsilon_{ci} = \phi_u [(x_{ci} \sin\theta + y_{ci} \cos\theta) - r] \qquad (5.4.1)$$

$$\varepsilon_{sj} = -\phi_u [(x_{sj} \sin\theta + y_{sj} \cos\theta) - r] \qquad (5.4.2)$$

$$\varepsilon_{pk} = -\phi_u [(x_{pk} \sin\theta + y_{pk} \cos\theta) - r] + \varepsilon_{p0k} \qquad (5.4.3)$$

3）截面达到承载能力极限状态时的极限曲率 $\phi_u$ 应按下列两种情况确定：

① 当截面受压区外边缘的混凝土压应变 $\varepsilon_c$ 达到混凝土极限压应变 $\varepsilon_{cu}$ 且受拉区最外排钢筋的应变 $\varepsilon_{s1}$ 小于 0.01 时，应按下列公式计算：

$$\phi_u = \frac{\varepsilon_{cu}}{x_n} \tag{5.4.4}$$

② 当截面受拉区最外排钢筋的应变 $\varepsilon_{s1}$ 达到 0.01 且受压区外边缘的混凝土压应变 $\varepsilon_c$ 小于混凝土极限压应变 $\varepsilon_{cu}$ 时，应按下列公式计算：

$$\phi_u = \frac{0.01}{h_{01} - x_n} \tag{5.4.5}$$

4）构件正截面承载力应按下列公式计算（图 5.4.1）：

$$\left\{ \begin{array}{l} N \leqslant \sum\limits_{i=1}^{l} \sigma_{ci} A_{ci} - \sum\limits_{j=1}^{m} \sigma_{sj} A_{sj} - \sum\limits_{k=1}^{n} \sigma_{pk} A_{pk} \hspace{1cm} (5.4.6) \\[4mm] M_x \leqslant \sum\limits_{i=1}^{l} \sigma_{ci} A_{ci} x_{ci} - \sum\limits_{j=1}^{m} \sigma_{sj} A_{sj} x_{sj} - \sum\limits_{k=1}^{n} \sigma_{pk} A_{pk} x_{pk} \hspace{1cm} (5.4.7) \\[4mm] M_y \leqslant \sum\limits_{i=1}^{l} \sigma_{ci} A_{ci} y_{ci} - \sum\limits_{j=1}^{m} \sigma_{sj} A_{sj} y_{sj} - \sum\limits_{k=1}^{n} \sigma_{pk} A_{pk} y_{pk} \hspace{1cm} (5.4.8) \end{array} \right.$$

式中：$N$ ——轴向力设计值，当为压力时取正值，当为拉力时取负值；

$M_x$、$M_y$ ——偏心受力构件截面 $x$ 轴、$y$ 轴方向的弯矩设计值：当为偏心受压时，应考虑附加偏心距引起的附加弯矩；轴向压力作用在 $x$ 轴的上侧时 $M_y$ 取正值，轴向压力作用在 $y$ 轴的右侧时 $M_x$ 取正值；当为偏心受拉时，不考虑附加偏心的影响；

$\varepsilon_{ci}$、$\sigma_{ci}$ ——分别为第 $i$ 个混凝土单元的应变、应力，受压时取正值，受拉时取应力 $\sigma_{ci} = 0$；序号 $i$ 为 1，2…，$l$，此处，$l$ 为混凝土单元数；

$x_{ci}$、$y_{ci}$ ——分别为第 $i$ 个混凝土单元重心到 $y$ 轴、$x$ 轴的距离，$x_{ci}$ 在 $y$ 轴右侧及 $y_{ci}$ 在 $x$ 轴上侧时取正值；

$\varepsilon_{sj}$、$\sigma_{sj}$ ——分别为第 $j$ 个普通钢筋单元的应变、应力，受拉时取为正值，应力 $\sigma_{sj}$ 应满足：

$$-f'_y \leqslant \sigma_{si} \leqslant f_y \tag{5.4.9}$$

的条件；序号 $j$ 为 1，2…，$m$，此处，$m$ 为钢筋单元数；

$A_{sj}$ ——第 $j$ 个普通钢筋单元面积；

$x_{sj}$、$y_{sj}$ ——分别为第 $j$ 个普通钢筋单元重心到 $y$ 轴、$x$ 轴的距离，$x_{sj}$ 在 $y$ 轴右侧及 $y_{sj}$ 在 $x$ 轴上侧时取正值；

$\varepsilon_{pk}$、$\sigma_{pk}$ ——分别为第 $k$ 个预应力筋单元的应变、应力，受拉时取正值，应力 $\sigma_{pk}$ 应满足：

$$\sigma_{p0i} - f'_{py} \leqslant \sigma_{pi} \leqslant f_{py} \tag{5.4.10}$$

的条件，序号 $k$ 为 1，2…，$n$，此处，$n$ 为预应力筋单元数；

$\varepsilon_{p0k}$ —— 第 $k$ 个预应力筋单元在该单元重心处混凝土法向应力等于零时的应变，其值取 $\sigma_{p0k}$ 除以预应力筋的弹性模量，当受拉时取正值；

$A_{pk}$ —— 第 $k$ 个预应力筋单元面积；

$x_{pk}$、$y_{pk}$ —— 分别为第 $k$ 个普通钢筋单元重心到 $y$ 轴、$x$ 轴的距离，$x_{pk}$ 在 $y$ 轴右侧及 $y_{pk}$ 在 $x$ 轴上侧时取正值；

$x$、$y$ —— 分别为以截面重心为原点的直角坐标系的两个坐标轴；

$r$ —— 截面重心至中和轴的距离；

$h_{01}$ —— 截面受压区外边缘至受拉区最外排普通钢筋之间垂直于中和轴的距离；

$\theta$ —— $x$ 轴与中和轴的夹角，顺时针方向取正值；

$x_n$ —— 中和轴至受压区最外侧边缘的距离。

（2）沿周边均匀配置纵向钢筋的环形截面偏心受压构件（图 5.4.2），其正截面受压承载力宜符合下列规定：

1）钢筋混凝土构件

$$N \leqslant \alpha\alpha_1 f_c A + (\alpha - \alpha_1) f_y A_s \tag{5.4.11}$$

$$Ne_i \leqslant \alpha_1 f_c A (r_1 + r_2) \frac{\sin\pi\alpha}{2\pi} + f_y A_s r_s \frac{(\sin\pi\alpha + \sin\pi\alpha_t)}{\pi} \tag{5.4.12}$$

2）预应力混凝土构件

$$\begin{cases} N \leqslant \alpha\alpha_1 f_c A - \sigma_{p0} A_p + \alpha f'_{py} A_p - \alpha_t (f_{py} - \sigma_{p0}) A_p & (5.4.13) \\[2mm] Ne_i \leqslant \alpha_1 f_c A (r_1 + r_2) \dfrac{\sin\pi\alpha}{2\pi} + f'_{py} A_p r_p \dfrac{\sin\pi\alpha}{\pi} \\[4mm] \qquad\quad + (f_{py} - \sigma_{p0}) A_p r_p \dfrac{\sin\pi\alpha_t}{\pi} & (5.4.14) \\[4mm] \alpha_t = 1 - 1.5\alpha & (5.4.15) \\[2mm] e_i = e_0 + e_a & (5.4.16) \end{cases}$$

式中：$A$ —— 环形截面面积；

$A_s$ —— 全部纵向普通钢筋的截面面积；

$A_p$ —— 全部纵向预应力筋的截面面积；

$r_1$、$r_2$ —— 环形截面的内、外半径；

$r_s$ —— 纵向普通钢筋重心所在圆周的半径；

$r_p$ —— 纵向预应力筋重心所在圆周的半径；

$e_0$ —— 轴向压力对截面重心的偏心距；

$e_a$ —— 附加偏心距；

$\alpha$ —— 受压区混凝土截面面积与全截面面积

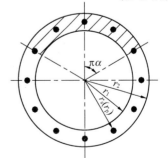

图 5.4.2 沿周边均匀配筋的环形截面

的比值；

$\alpha_t$ ——纵向受拉钢筋截面面积与全部纵向钢筋截面面积的比值，当 $\alpha$ 大于 2/3 时，取 $\alpha_t$ 为 0。

（3）沿周边均匀配置纵向普通钢筋的圆形截面钢筋混凝土偏心受压构件（图 5.4.3），其正截面受压承载力宜符合下列规定：

$$N \leqslant \alpha \alpha_1 f_c A \left(1 - \frac{\sin 2\pi\alpha}{2\pi\alpha}\right) + (\alpha - \alpha_1) f_y A_s \tag{5.4.17}$$

$$Ne_i \leqslant \frac{2}{3} \alpha_1 f_c Ar \frac{\sin^3 \pi\alpha}{\pi} + f_y A_s r_s \frac{(\sin \pi\alpha + \sin \pi\alpha_t)}{\pi} \tag{5.4.18}$$

$$\alpha_t = 1.25 - 2\alpha \tag{5.4.19}$$

$$e_i = e_0 + e_a \tag{5.4.20}$$

式中：$A$ ——环形截面面积；

$A_s$ ——全部纵向普通钢筋的截面面积；

$r$ ——圆形截面的半径；

$r_s$ ——纵向普通钢筋重心所在圆周的半径；

$e_0$ ——轴向压力对截面重心的偏心距；

$e_a$ ——附加偏心距；

$\alpha$ ——对应于受压区混凝土截面面积的圆心角（rad）与 $2\pi$ 的比值；

$\alpha_t$ ——纵向受拉普通钢筋截面面积与全部纵向普通钢筋截面面积的比值，当 $\alpha$ 大于 0.625 时，取 $\alpha_t$ 为 0。

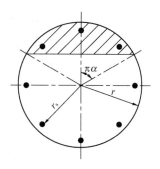

图 5.4.3 沿周边均匀配筋的圆形截面

（4）环形和圆形截面其受弯构件的正截面受弯承载力计算：

1）钢筋混凝土构件

$$\begin{cases} \alpha \alpha_1 f_c A + (\alpha - \alpha_1) f_y A_s = 0 & (5.4.21) \\ M \leqslant \alpha_1 f_c A (r_1 + r_2) \dfrac{\sin \pi\alpha}{2\pi} + f_y A_s r_s \dfrac{(\sin \pi\alpha + \sin \pi\alpha_t)}{\pi} & (5.4.22) \end{cases}$$

2）预应力混凝土构件

$$\begin{cases} \alpha \alpha_1 f_c A - \sigma_{p0} A_p + \alpha f'_{py} A_p - \alpha_t (f_{py} - \sigma_{p0}) A_p = 0 & (5.4.23) \\ M \leqslant \alpha_1 f_c A (r_1 + r_2) \dfrac{\sin \pi\alpha}{2\pi} + f'_{py} A_p r_p \dfrac{\sin \pi\alpha}{\pi} \\ \qquad + (f_{py} - \sigma_{p0}) A_p r_p \dfrac{\sin \pi\alpha_t}{\pi} & (5.4.24) \\ \alpha_t = 1 - 1.5\alpha & (5.4.25) \end{cases}$$

式中：$A$ ——环形截面面积；

$A_s$——全部纵向普通钢筋的截面面积；

$A_p$——全部纵向预应力筋的截面面积；

$r_1$、$r_2$——环形截面的内、外半径；

$r_s$——纵向普通钢筋重心所在圆周的半径；

$r_p$——纵向预应力筋重心所在圆周的半径；

$\alpha$——受压区混凝土截面面积与全截面面积的比值；

$\alpha_t$——纵向受拉钢筋截面面积与全部纵向钢筋截面面积的比值，当 $\alpha$ 大于 2/3 时，取 $\alpha_t$ 为 0。

（5）环形和圆形截面其正截面受压承载力计算：

$$\begin{cases} \alpha\alpha_1 f_c A\left(1 - \dfrac{\sin 2\pi\alpha}{2\pi\alpha}\right) + (\alpha - \alpha_1) f_y A_s = 0 & (5.4.26) \\[2mm] M \leqslant \dfrac{2}{3}\alpha_1 f_c A r \dfrac{\sin^3 \pi\alpha}{\pi} + f_y A_s r_s \dfrac{(\sin\pi\alpha + \sin\pi\alpha_t)}{\pi} & (5.4.27) \\[2mm] \alpha_t = 1.25 - 2\alpha & (5.4.28) \end{cases}$$

式中：$A$——环形截面面积；

$A_s$——全部纵向普通钢筋的截面面积；

$r$——圆形截面的半径；

$r_s$——纵向普通钢筋重心所在圆周的半径；

$\alpha$——对应于受压区混凝土截面面积的圆心角（rad）与 $2\pi$ 的比值；

$\alpha_t$——纵向受拉普通钢筋截面面积与全部纵向普通钢筋截面面积的比值，当 $\alpha$ 大于 0.625 时，取 $\alpha_t$ 为 0。

## 5.5 板柱节点计算用等效集中反力设计值

（1）在竖向荷载、水平荷载作用下的板柱节点，其受冲切承载力计算中所用的等效集中反力设计值 $F_{l,eq}$ 可按下列情况确定：

1）传递单向不平衡弯矩的板柱节点

当不平衡弯矩作用平面与柱矩形截面两个轴线之一相重合时，可按下列两种情况进行计算：

① 由节点受剪传递的单向不平衡弯矩 $\alpha_0 M_{unb}$，当其作用的方向指向图 5.5.1 的 AB 边时，等效集中反力设计值可按下列公式计算：

$$\begin{cases} F_{l,eq} = F_l + \dfrac{\alpha_0 M_{unb} a_{AB}}{I_c} u_m h_0 & (5.5.1) \\[2mm] M_{unb} = M_{unb,c} - F_l e_g & (5.5.2) \end{cases}$$

② 由节点受剪传递的单向不平衡弯矩 $\alpha_0 M_{unb}$，当其作用的方向指向图 5.5.1

的 CD 边时，等效集中反力设计值可按下列公式计算：

$$\begin{cases} F_{l,\mathrm{eq}} = F_l + \dfrac{\alpha_0 M_{\mathrm{unb}} a_{\mathrm{CD}}}{I_{\mathrm{c}}} u_{\mathrm{m}} h_0 & (5.5.3) \\[2mm] M_{\mathrm{unb}} = M_{\mathrm{unb,c}} + F_l e_{\mathrm{g}} & (5.5.4) \end{cases}$$

式中：$F_l$——在竖向荷载、水平荷载作用下，柱所承受的轴向压力设计值的层间
差值减去柱顶冲切破坏锥体范围内板所承受的荷载设计值；

$\alpha_0$——计算系数；

$M_{\mathrm{unb}}$——竖向荷载、水平荷载引起对临界截面周长重心轴（图 5.5.1 中的轴
线 2）处的不平衡弯矩设计值；

$M_{\mathrm{unb,c}}$——竖向荷载、水平荷载引起对柱截面重心轴（图 5.5.1 中的轴线 1）
处的不平衡弯矩设计值；

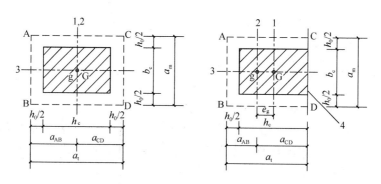

(a) 中柱截面　　　(b) 边柱截面（弯矩作用平面垂直于自由边）

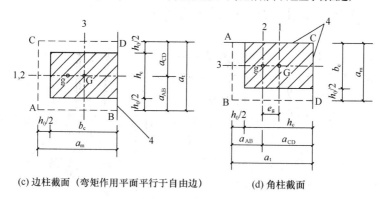

(c) 边柱截面（弯矩作用平面平行于自由边）　　(d) 角柱截面

图 5.5.1　矩形柱及受冲切承载力计算的几何参数

1—柱截面重心 G 的轴线；2—临界截面周长重心 g 的轴线；

3—不平衡弯矩作用平面；4—自由边

$a_{AB}$、$a_{CD}$——临界截面周长重心轴至 AB、CD 边缘的距离；

$I_c$——按临界截面计算的类似极惯性矩；

$e_g$——在弯矩作用平面内柱截面重心轴至临界截面周长重心轴的距离；对中柱截面和弯矩作用平面平行于自由边的边柱截面，$e_g=0$。

2）传递双向不平衡弯矩的板柱节点

当节点受剪传递到临界截面周长两个方向的不平衡弯矩为 $\alpha_{0x}M_{mub,x}$、$\alpha_{0y}M_{unb,y}$ 时，等效集中反力设计值可按下列公式计算：

$$\left\{\begin{array}{l} F_{l,eq} = F_l + \tau_{unb,max}u_m h_0 \qquad\qquad (5.5.5) \\[3mm] \tau_{unb,max} = \dfrac{\alpha_{0x}M_{unb,x}a_x}{I_{cx}} + \dfrac{\alpha_{0y}M_{unb,y}a_y}{I_{cy}} \qquad (5.5.6) \end{array}\right.$$

式中：$\tau_{unb,max}$——由受剪传递的双向不平衡弯矩在临界截面上产生的最大剪应力设计值；

$M_{unb,x}$、$M_{unb,y}$——竖向荷载、水平荷载引起对临界截面周长重心处 $x$ 轴、$y$ 轴方向的不平衡弯矩设计值；

$\alpha_{0x}$、$\alpha_{0y}$——$x$ 轴、$y$ 轴的计算系数；

$I_{cx}$、$I_{cy}$——对 $x$ 轴、$y$ 轴按临界截面计算的类似极惯性矩；

$a_x$、$a_y$——最大剪应力 $\tau_{max}$ 的作用点至 $x$ 轴、$y$ 轴的距离。

注：当考虑不同的荷载组合时，应取其中的较大值作为板柱节点受冲切承载力计算用的等效集中反力设计值。

（2）板柱节点考虑受剪传递单向不平衡弯矩的受冲切承载力计算中，与等效集中反力设计值 $F_{l,eq}$ 有关的参数和图 5.5.1 中所示的几何尺寸，可按下列公式计算：

1）中柱处临界截面的类似极惯性矩、几何尺寸及计算系数可按下列公式计算（图 5.5.1a）：

$$\left\{\begin{array}{l} I_c = \dfrac{h_0 a_t^3}{6} + 2h_0 a_m\left(\dfrac{a_t}{2}\right)^2 \qquad\qquad (5.5.7) \\[3mm] a_{AB} = a_{CD} = \dfrac{a_t}{2} \qquad\qquad\qquad (5.5.8) \\[3mm] e_g = 0 \qquad\qquad\qquad\qquad\qquad (5.5.9) \\[3mm] \alpha_0 = 1 - \dfrac{1}{1 + \dfrac{2}{3}\sqrt{\dfrac{h_c + h_0}{b_c + h_0}}} \qquad (5.5.10) \end{array}\right.$$

2）边柱处临界截面的类似极惯性矩、几何尺寸及计算系数可按下列公式计算：

① 弯矩作用平面垂直于自由边（图 5.5.1b）

$$I_c = \frac{h_0 a_t^3}{6} + h_0 a_m a_{AB}^2 + 2h_0 a_t \left(\frac{a_t}{2} - a_{AB}\right)^2 \tag{5.5.11}$$

$$a_{AB} = \frac{a_t^2}{a_m + 2a_t} \tag{5.5.12}$$

$$a_{CD} = a_t - a_{AB} \tag{5.5.13}$$

$$e_g = a_{CD} - \frac{h_c}{2} \tag{5.5.14}$$

$$\alpha_0 = 1 - \frac{1}{1 + \frac{2}{3}\sqrt{\frac{h_c + h_0/2}{b_c + h_0}}} \tag{5.5.15}$$

② 弯矩作用平面平行于自由边（图 5.5.1c）

$$I_c = \frac{h_0 a_t^3}{12} + 2h_0 a_m \left(\frac{a_t}{2}\right)^2 \tag{5.5.16}$$

$$a_{AB} = a_{CD} = \frac{a_t}{2} \tag{5.5.17}$$

$$e_g = 0 \tag{5.5.18}$$

$$\alpha_0 = 1 - \frac{1}{1 + \frac{2}{3}\sqrt{\frac{h_c + h_0}{b_c + h_0}}} \tag{5.5.19}$$

3）角柱处临界截面的类似极惯性矩、几何尺寸及计算系数可按下列公式计算（图 5.5.1d）：

$$I_c = \frac{h_0 a_t^3}{12} + h_0 a_m a_{AB}^2 + 2h_0 a_t \left(\frac{a_t}{2} - a_{AB}\right)^2 \tag{5.5.20}$$

$$a_{AB} = \frac{a_t^2}{2(a_m + a_t)} \tag{5.5.21}$$

$$a_{CD} = a_t - a_{AB} \tag{5.5.22}$$

$$e_g = a_{CD} - \frac{h_c}{2} \tag{5.5.23}$$

$$\alpha_0 = 1 - \frac{1}{1 + \frac{2}{3}\sqrt{\frac{h_c + h_0/2}{b_c + h_0/2}}} \tag{5.5.24}$$

注：当边柱、角柱部位有悬臂板时，临界截面周长可计算至垂直于自由边的板端处，按此计算的临界截面周长应与按中柱计算的临界截面周长相比较，并取两者中的较小值。在此基础上，确定板柱节点考虑受剪传递不平衡弯矩的受冲切承载力计算所用等效集中反力设计值 $F_{l,eq}$ 的有关参数。

## 5.6 深受弯构件

（1）钢筋混凝土深受弯构件的正截面受弯承载力应符合下列规定：

$$M \leqslant f_y A_y z \tag{5.6.1}$$

$$z = \alpha_d (h_0 - 0.5x) \tag{5.6.2}$$

$$\alpha_d = 0.80 + 0.04 \frac{l_0}{h} \tag{5.6.3}$$

当 $l_0 < h$ 时，取内力臂 $z = 0.6l_0$。

式中：$x$——截面受压区高度，当 $x < 0.2h_0$ 时，取 $x = 0.2h_0$；

$\quad\quad h_0$——截面有效高度：$h_0 = h - a_s$，其中 $h$ 为截面高度；当 $l_0/h \leqslant 2$ 时，跨中截面 $a_s$ 取 $0.1h$，支座截面 $a_s$ 取 $0.2h$；当 $l_0/h > 2$ 时，$a_s$ 按受拉区纵向钢筋截面重心至受拉边缘的实际距离取用；

$\quad\quad z$——内力臂，当 $l_0 < h$ 时，取 $z = 0.6l_0$。

（2）钢筋混凝土深受弯构件的受剪截面应符合下列条件：

$$\begin{cases} h_w/b \leqslant 4 & (5.6.4) \\[2mm] V \leqslant \dfrac{1}{60}(10 + l_0/h)\beta_c f_c b h_0 & (5.6.5) \end{cases}$$

$$\begin{cases} h_w/b \geqslant 6 & (5.6.6) \\[2mm] V \leqslant \dfrac{1}{60}(7 + l_0/h)\beta_c f_c b h_0 & (5.6.7) \end{cases}$$

式中：$V$——剪力设计值；

$\quad\quad l_0$——计算跨度，当 $l_0$ 小于 $2h$ 时，取 $2h$；

$\quad\quad b$——矩形截面的宽度以及 T 形、I 形截面的腹板厚度；

$h$、$h_0$——截面高度、截面有效高度；

$\quad\quad h_w$——截面的腹板高度：矩形截面，取有效高度 $h_0$；T 形截面，取有效高度减去翼缘高度；I 形和箱形截面，取腹板净高；

$\quad\quad \beta_c$——混凝土强度影响系数。

注：当 $h_w/b$ 大于 4 且小于 6 时，按线性内插法取用。

（3）矩形、T 形和 I 形截面的深受弯构件，在均布荷载作用下，当配有竖向分布钢筋和水平分布钢筋时，其斜截面的受剪承载力应符合下列规定：

$$V \leqslant 0.7 \frac{(8 - l_0/h)}{3} f_t b h_0 + \frac{(l_0/h - 2)}{3} f_{yv} \frac{A_{sv}}{s_h} h_0 + \frac{(5 - l_0/h)}{6} f_{yh} \frac{A_{sh}}{s_v} h_0$$

$$\tag{5.6.8}$$

对集中荷载作用下的深受弯构件（包括作用有多种荷载，且其中集中荷载对支座截面所产生的剪力值占总剪力值的 75% 以上的情况），其斜截面的受剪承载力应符合下列规定：

$$V \leqslant \frac{1.75}{\lambda + 1} f_t b h_0 + \frac{(l_0/h - 2)}{3} f_{yv} \frac{A_{sv}}{s_h} h_0 + \frac{(5 - l_0/h)}{6} f_{yh} \frac{A_{sh}}{s_v} h_0 \quad (5.6.9)$$

式中：$\lambda$——计算剪跨比：当 $l_0/h \leqslant 2.0$ 时，取 $\lambda = 0.25$；当 $2.0 < l_0/h < 5.0$ 时，取 $\lambda = a/h_0$，其中，$a$ 为集中荷载到深受弯构件支座的水平距离；$0.92 l_0/h - 1.58 \leqslant \lambda \leqslant 0.42 l_0/h - 0.58$；

$l_0/h$——跨高比，当 $l_0/h < 2.0$ 时，取 2.0。

（4）一般要求不出现斜裂缝的钢筋混凝土深梁，应符合下列条件：

$$V_k \leqslant 0.5 f_{tk} b h_0 \quad (5.6.10)$$

式中：$V_k$——按荷载效应的标准组合计算的剪力值。

## 5.7 无支撑叠合梁板

（1）预制构件和叠合构件的弯矩设计值应按下列规定取用：

预制构件

$$M_1 = M_{1G} + M_{1Q} \quad (5.7.1)$$

叠合构件的正弯矩区段

$$M = M_{1G} + M_{2G} + M_{2Q} \quad (5.7.2)$$

叠合构件的负弯矩区段

$$M = M_{2G} + M_{2Q} \quad (5.7.3)$$

式中：$M_{1G}$——预制构件自重、预制楼板自重和叠合层自重在计算截面产生的弯矩设计值；

$M_{2G}$——第二阶段面层、吊顶等自重在计算截面产生的弯矩设计值；

$M_{1Q}$——第一阶段施工活荷载在计算截面产生的弯矩设计值；

$M_{2Q}$——第二阶段可变荷载在计算截面产生的弯矩设计值，取本阶段施工活荷载和使用阶段可变荷载在计算截面产生的弯矩设计值中的较大值。

注：在计算中，正弯矩区段的混凝土强度等级，按叠合层取用；负弯矩区段的混凝土强度等级，按计算截面受压区的实际情况取用。

（2）预制构件和叠合构件剪力设计值应按下列规定取用：

预制构件

$$V_1 = V_{1G} + V_{1Q} \quad (5.7.4)$$

叠合构件

$$V_1 = V_{1G} + V_{2G} + V_{2Q} \quad (5.7.5)$$

式中：$V_{1G}$——预制构件自重、预制楼板自重和叠合层自重在计算截面产生的剪力设计值；

$V_{2G}$——第二阶段面层、吊顶等自重在计算截面产生的剪力设计值；

$V_{1Q}$——第一阶段施工活荷载在计算截面产生的剪力设计值；

$V_{2Q}$——第二阶段可变荷载产生的剪力设计值，取本阶段施工活荷载和使用阶段可变荷载在计算截面产生的剪力设计值中的较大值。

注：在计算中，叠合构件斜截面上混凝土和箍筋的受剪承载力设计值 $V_{cs}$ 应取叠合层和预制构件中较低的混凝土强度等级进行计算，且不低于预制构件的受剪承载力设计值；对预应力混凝土叠合构件，不考虑预应力对受剪承载力的有利影响，取 $V_p=0$。

（3）叠合梁受剪承载力应符合下列规定：

$$V \leqslant 1.2 f_t b h_0 + 0.85 f_{yv} + \frac{A_{yv}}{s} h_0 \tag{5.7.6}$$

对不配箍筋的叠合板，其叠合面的受剪强度应符合下列公式的要求：

$$\frac{V}{b h_0} \leqslant 0.4 \, (\text{N/mm}^2) \tag{5.7.7}$$

（4）预应力混凝土叠合受弯构件，其预制构件和叠合构件应进行正截面抗裂验算。此时，在荷载的标准组合下，抗裂验算边缘混凝土的拉应力不应大于预制构件的混凝土抗拉强度标准值 $f_{tk}$。抗裂验算边缘混凝土的法向应力应按下列公式计算：

预制构件 $$\sigma_{ck} = \frac{M_{1k}}{W_{01}} \tag{5.7.8}$$

叠合构件

$$\sigma_{ck} = \frac{M_{1Gk}}{W_{01}} + \frac{M_{2k}}{W_0} \tag{5.7.9}$$

式中：$M_{1Gk}$——预制构件自重、预制楼板自重和叠合层自重标准值在计算截面产生的弯矩值；

$M_{1k}$——第一阶段荷载标准组合下在计算截面产生的弯矩值，取 $M_{1k}=M_{1Gk}+M_{1Qk}$，此处，$M_{1Qk}$ 为第一阶段施工活荷载标准值在计算截面产生的弯矩值；

$M_{2k}$——第二阶段荷载标准组合下在计算截面上产生的弯矩值，取 $M_{2k}=M_{2Gk}+M_{2Qk}$，此处 $M_{2Gk}$ 为面层、吊顶等自重标准值在计算截面产生的弯矩值；$M_{2Qk}$ 为使用阶段可变荷载标准值在计算截面产生的弯矩值；

$W_{01}$——预制构件换算截面受拉边缘的弹性抵抗矩；

$W_0$——叠合构件换算截面受拉边缘的弹性抵抗矩，此时，叠合层的混凝土截面面积应按弹性模量比换算成预制构件混凝土的截面面积。

（5）钢筋混凝土叠合受弯构件在荷载准永久组合下，其纵向受拉钢筋的应力

$\sigma_{sq}$ 应符合下列规定：

$$\sigma_{sq} \leqslant 0.9 f_y \qquad (5.7.10)$$

$$\sigma_{sq} = \sigma_{s1k} + \sigma_{s2q} \qquad (5.7.11)$$

在弯矩 $M_{1Gk}$ 作用下，预制构件纵向受拉钢筋的应力 $\sigma_{s1k}$ 可按下列公式计算：

$$\sigma_{s1k} = \frac{M_{1Gk}}{0.87 A_s h_{01}} \qquad (5.7.12)$$

式中：$h_{01}$——预制构件截面有效高度。

在荷载准永久组合相应的弯矩 $M_{2q}$ 作用下，叠合构件纵向受拉钢筋中的应力增量 $\sigma_{s2q}$ 可按下列公式计算：

$$\sigma_{s2q} = \frac{0.5 \left(1 + \dfrac{h_1}{h}\right) M_{2q}}{0.87 A_s h_0} \qquad (5.7.13)$$

注：当 $M_{1Gk} < 0.35 M_{1u}$ 时，取 $0.5\left(1 + \dfrac{h_1}{h}\right) = 1.0$。

（6）混凝土叠合构件应验算裂缝宽度，按荷载准永久组合或标准组合并考虑长期作用影响所计算的最大裂缝宽度 $\omega_{max}$，可按下列公式计算：

钢筋混凝土构件

$$\begin{cases} \omega_{max} = 2 \dfrac{\psi(\sigma_{s1k} + \sigma_{s2q})}{E_s}\left(1.9c + 0.08 \dfrac{d_{eq}}{\rho_{te1}}\right) & (5.7.14) \\[4mm] \psi = 1.1 - \dfrac{0.65 f_{tk1}}{\rho_{te1}\sigma_{s1k} + \rho_{te}\sigma_{s2q}} & (5.7.15) \end{cases}$$

预应力混凝土构件

$$\begin{cases} \omega_{max} = 1.6 \dfrac{\psi(\sigma_{s1k} + \sigma_{s2k})}{E_s}\left(1.9c + 0.08 \dfrac{d_{eq}}{\rho_{te1}}\right) & (5.7.16) \\[4mm] \psi = 1.1 - \dfrac{0.65 f_{tk1}}{\rho_{te1}\sigma_{s1k} + \rho_{te}\sigma_{s2k}} & (5.7.17) \end{cases}$$

式中：$d_{eq}$——受拉区纵向钢筋的等效直径；

$\rho_{te1}$、$\rho_{te}$——按预制构件、叠合构件的有效受拉混凝土截面面积计算的纵向受拉钢筋配筋率；

$f_{tk1}$——预制构件的混凝土抗拉强度标准值。

（7）叠合构件应进行正常使用极限状态下的挠度验算。其中，叠合受弯构件按荷载准永久组合或标准组合并考虑长期作用影响的刚度可按下列公式计算：

钢筋混凝土构件

$$B = \frac{M_q}{\left(\dfrac{B_{s2}}{B_{s1}} - 1\right) M_{1Gk} + \theta M_q} B_{s2} \qquad (5.7.18)$$

预应力混凝土构件

$$
\left\{
\begin{aligned}
& B = \frac{M_k}{\left(\dfrac{B_{s2}}{B_{s1}} - 1\right)M_{1Gk} + (\theta - 1)M_q + M_k} B_{s2} && (5.7.19) \\
& M_k = M_{1Gk} + M_{2k} && (5.7.20) \\
& M_q = M_{1Gk} + M_{2Gk} + \psi_q M_{2Qk} && (5.7.21)
\end{aligned}
\right.
$$

式中：$\theta$——考虑荷载长期作用对挠度增大的影响系数，钢筋混凝土受弯构件，当 $\rho' = 0$ 时，取 $\theta = 2.0$；当 $\rho' = \rho$ 时，取 $\theta = 1.6$；当 $\rho'$ 为中间数值时，$\theta$ 按线性内插法取用。此处，$\rho' = A'_s/(bh_0)$，$\rho = A_s/(bh_0)$，对翼缘位于受拉区的倒 T 形截面，$\theta$ 应增加 20%。预应力混凝土受弯构件，取 $\theta = 2.0$。

$M_k$——叠合构件按荷载标准组合计算的弯矩值。

$M_q$——叠合构件按荷载准永久组合计算的弯矩值。

$B_{s1}$——预制构件的短期刚度。

$B_{s2}$——叠合构件第二阶段的短期刚度。

$\psi_q$——第二阶段可变荷载的准永久值系数。

（8）荷载准永久组合或标准组合下叠合式受弯构件正弯矩区段内的短期刚度，可按下列规定计算。

1）钢筋混凝土叠合构件

① 预制构件的短期刚度可按下列公式计算：

$$
B_s = \frac{E_s A_s h_0^2}{1.15\psi + 0.2 + \dfrac{6\alpha_E \rho}{1 + 3.5\gamma_f}} \tag{5.7.22}
$$

② 叠合构件第二阶段的短期刚度可按下列公式计算：

$$
B_{s2} = \frac{E_s A_s h_0^2}{0.7 + 0.6\dfrac{h_1}{h} + \dfrac{45\alpha_E \rho}{1 + 3.5\gamma'_f}} \tag{5.7.23}
$$

式中：$\alpha_E$——钢筋弹性模量与叠合层混凝土弹性模量的比值：$\alpha_E = E_s/E_{c2}$。

2）预应力混凝土叠合构件

① 预制构件的短期刚度可按下列公式计算：

$$
B_s = 0.85 E_c I_0 \tag{5.7.24}
$$

② 叠合构件第二阶段的短期刚度可按下列公式计算：

$$
B_{s2} = 0.7 E_{c1} I_0 \tag{5.7.25}
$$

式中：$E_{c1}$——预制构件的混凝土弹性模量；

      $I_0$——叠合构件换算截面的惯性矩，此时，叠合层的混凝土截面面积应按弹性模量比换算成预制构件混凝土的截面面积。

## 5.8 后张曲线预应力筋由锚具变形和预应力筋内缩引起的预应力损失

（1）在后张法构件中，应计算曲线预应力筋由锚具变形和预应力筋内缩引起的预应力损失。

1）反摩擦影响长度 $I_f$（mm）（图 5.8.1）可按下列公式计算：

$$\left\{\begin{array}{l} l_f = \sqrt{\dfrac{a \cdot E_p}{\Delta\sigma_d}} \qquad\qquad (5.8.1) \\[3mm] \Delta\sigma_d = \dfrac{\sigma_0 - \sigma_l}{l} \qquad\qquad (5.8.2) \end{array}\right.$$

式中：$a$——张拉端锚具变形和预应力筋内缩值（mm）；

    $\Delta\sigma_d$——单位长度由管道摩擦引起的预应力损失（MPa/mm）；

    $\sigma_0$——张拉端锚下控制应力；

    $\sigma_l$——预应力筋扣除沿途摩擦损失后锚固端应力；

    $l$——张拉端至锚固端的距离（mm）。

2）当 $l_f \leqslant l$ 时，预应力筋离张拉端 $x$ 处考虑反摩擦后的预应力损失 $\sigma_{l1}$ 可按下列公式计算：

$$\sigma_{l1} = \Delta\sigma \frac{l_f - x}{l_f} \qquad\qquad (5.8.3)$$

$$\Delta\sigma = 2\Delta\sigma_d l_f \qquad\qquad (5.8.4)$$

式中：$\Delta\sigma$——预应力筋考虑反向摩擦后在张拉端锚下的预应力损失值。

3）当 $l_f > l$ 时，预应力筋离张拉端 $x'$ 处考虑反向摩擦后的预应力损失 $\sigma'_{l1}$ 可按下列公式计算：

$$\sigma'_{l1} = \Delta\sigma' - 2x'\Delta\sigma_d \qquad\qquad (5.8.5)$$

式中：$\Delta\sigma'$——预应力筋考虑反向摩擦后在张拉端锚下的预应力损失值，可按以下方法求得：在（图 5.8.1）中设"$ca'bd$"等腰梯形面积 $A = a \cdot E_p$，试算得到 $cd$，则 $\Delta\sigma' = cd$。

（2）常用束形的后张曲线预应力筋或折线预应力筋，由于锚具变形和预应力筋内缩在反向摩擦影响长度 $l_f$ 范围内的预应力损失值 $\sigma_{l1}$，可按下列公式计算：

1）抛物线形预应力筋可近似按圆弧形曲线预应力筋考虑（图 5.8.2）。当其对应的圆心角 $\theta \leqslant 45°$ 时（对无粘结预应力筋 $\theta \leqslant 90°$），预应力损失值 $\sigma_{l1}$ 可按下列公式计算：

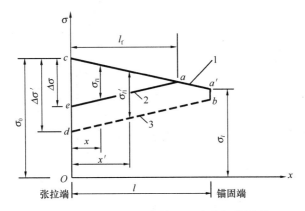

图 5.8.1 考虑反向摩擦后预应力损失计算

注：1. $caa'$ 表示预应力筋扣除管道正摩擦损失后的应力分布线；

2. $eaa'$ 表示 $l_f \leqslant l$ 时，预应力筋扣除管道正摩擦和内缩（考虑反摩擦）损失后的应力分布线；

3. $db$ 表示 $l_f > l$ 时，预应力筋扣除管道正摩擦和内缩（考虑反摩擦）损失后的应力分布线。

$$\sigma_{l1} = 2\sigma_{con} l_f \left( \frac{\mu}{r_c} + \kappa \right) \left( 1 - \frac{x}{l_f} \right)$$

$$(5.8.6)$$

反向摩擦影响长度 $l_f$（m）可按下列公式计算：

$$l_f = \sqrt{\frac{aE_s}{1000\sigma_{con}(\mu / r_c + \kappa)}} \quad (5.8.7)$$

式中：$r_c$——圆弧形曲线预应力筋的曲率半径（m）；

$\mu$——预应力筋与孔道壁之间的摩擦系数；

$\kappa$——考虑孔道每米长度局部偏差的摩擦系数；

$x$——张拉端至计算截面的距离（m）；

$a$——张拉端锚具变形和预应力筋内缩值（mm）；

$E_s$——预应力筋弹性模量。

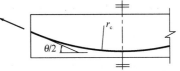

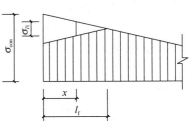

图 5.8.2 圆弧形曲线
预应力筋的预应力损失 $\sigma_{l1}$

2）端部为直线（直线长度为 $l_0$），而后由两条圆弧形曲线（圆弧对应的圆心角 $\theta \leqslant 45°$，对无粘结预应力筋取 $\theta \leqslant 90°$）组成的预应力筋（图 5.8.3），预应力损失值 $\sigma_{l1}$ 可按下列公式计算：

当 $x \leqslant l_0$ 时

$$\sigma_{l1} = 2i_1(l_1 - l_0) + 2i_2(l_f - l_1) \qquad (5.8.8)$$

当 $l_0 < x \leqslant l_1$ 时

$$\sigma_{l1} = 2i_1(l_1 - x) + 2i_2(l_f - l_1) \qquad (5.8.9)$$

当 $l_1 < x \leqslant l_f$ 时

$$\sigma_{l1} = 2i_2(l_f - x) \qquad (5.8.10)$$

反向摩擦影响长度 $l_f$(m)可按下列公式计算:

$$\begin{cases} l_f = \sqrt{\dfrac{aE_s}{1000i_2} - \dfrac{i_1(l_1^2 - l_0^2)}{i_2} + l_1^2} & (5.8.11) \\ i_1 = \sigma_a(\kappa + \mu/r_{c1}) & (5.8.12) \\ i_2 = \sigma_b(\kappa + \mu/r_{c2}) & (5.8.13) \end{cases}$$

式中：$l_1$——预应力筋张拉端起点至反弯点的水平投影长度；

$i_1$、$i_2$——第一、二段圆弧形曲线预应力筋中应力近似直线变化的斜率；

$r_{c1}$、$r_{c2}$——第一、二段圆弧形曲线预应力筋的曲率半径；

$\sigma_a$、$\sigma_b$——预应力筋在 $a$、$b$ 点的应力。

3）当折线形预应力筋的锚固损失消失于折点 $c$ 之外时（图5.8.4），预应力损失值 $\sigma_{l1}$，可按下列公式计算：

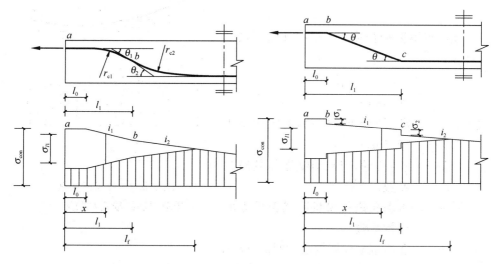

图 5.8.3　两条圆弧形曲线组成的　　　　图 5.8.4　折线形预应力筋的
预应力筋的预应力损失 $\sigma_{l1}$　　　　　　预应力损失 $\sigma_{l1}$

当 $x \leqslant l_0$ 时

$$\sigma_{l1} = 2\sigma_1 + 2i_1(l_1 - l_0) + 2\sigma_2 + 2i_2(l_f - l_1) \qquad (5.8.14)$$

当 $l_0 < x \leqslant l_1$ 时

$$\sigma_{l1} = 2i_1(l_1 - x) + 2\sigma_2 + 2i_2(l_f - l_1) \tag{5.8.15}$$

当 $l_1 < x \leqslant l_f$ 时

$$\sigma_{l1} = 2i_2(l_f - x) \tag{5.8.16}$$

反向摩擦影响长度 $l_f$(m) 可按下列公式计算:

$$l_f = \sqrt{\dfrac{aE_s}{1000i_2} - \dfrac{i_1(l_1 - l_0)^2 + 2i_1l_0(l_1 - l_0) + 2\sigma_1l_0 + 2\sigma_2l_1}{i_2} + l_1^2} \tag{5.8.17}$$

$$i_1 = \sigma_{con}(1 - \mu\theta)\kappa \tag{5.8.18}$$

$$i_2 = \sigma_{con}[1 - \kappa(l_1 - l_0)](1 - \mu\theta)^2\kappa \tag{5.8.19}$$

$$\sigma_1 = \sigma_{con}\mu\theta \tag{5.8.20}$$

$$\sigma_2 = \sigma_{con}[1 - \kappa(l_1 - l_0)](1 - \mu\theta)\mu\theta \tag{5.8.21}$$

式中：$i_1$——预应力筋 $bc$ 段中应力近似直线变化的斜率；

$\quad\quad i_2$——预应力筋在折点 $c$ 以外应力近似直线变化的斜率；

$\quad\quad l_1$——张拉端起点至预应力筋折点 $c$ 的水平投影长度。

## 5.9 与时间相关的预应力损失

（1）受拉区纵向预应力筋的预应力损失终极值 $\sigma_{l5}$

$$\sigma_{l5} = \dfrac{0.9\alpha_p\sigma_{pc}\varphi_\infty + E_s\xi_\infty}{1 + 15\rho} \tag{5.9.1}$$

式中：$\sigma_{pc}$——受拉区预应力筋合力点处由预加力（扣除相应阶段预应力损失）和梁自重产生的混凝土法向压应力，其值不得大于 $0.5f'_{cu}$；简支梁可取跨中截面与 1/4 跨度处截面的平均值；连续梁和框架可取若干有代表性截面的平均值；

$\quad\quad \varphi_\infty$——混凝土徐变系数终极值；

$\quad\quad \xi_\infty$——混凝土收缩应变终极值；

$\quad\quad E_s$——预应力筋弹性模量；

$\quad\quad \alpha_p$——预应力筋弹性模量与混凝土弹性模量的比值；

$\quad\quad \rho$——受拉区预应力筋和普通钢筋的配筋率：先张法构件，$\rho = (A_p + A_s)/A_0$；后张法构件，$\rho = (A_p + A_s)/A_n$；对于对称配置预应力筋和普通钢筋的构件，配筋率 $\rho$ 取钢筋总截面面积的一半。

（2）受压区纵向预应力筋的预应力损失终极值 $\sigma'_{l5}$

$$\sigma'_{l5} = \frac{0.9\alpha_p\sigma'_{pc}\varphi_\infty + E_s\xi_\infty}{1 + 15\rho'} \tag{5.9.2}$$

式中：$\sigma'_{pc}$——受压区预应力筋合力点处由预加力（扣除相应阶段预应力损失）和梁自重产生的混凝土法向压应力，其值不得大于 $0.5f'_{cu}$，当 $\sigma'_{pc}$ 为拉应力时，取 $\sigma'_{pc} = 0$；

$\rho'$——受压区预应力筋和普通钢筋的配筋率：先张法构件，$\rho' = (A'_p + A'_s)/A_0$；后张法构件，$\rho' = (A'_p + A'_s)/A_n$。

# 6 混凝土结构设计常用数据

## 6.1 混凝土强度

混凝土轴心抗压强度标准值 $f_{ck}$、混凝土轴心抗拉强度 $f_{tk}$ 表 6.1.1
标准值 $f_{tk}$（N/mm²）

| 强度 | 强度等级 | | | | | | | | | | | | | |
|---|---|---|---|---|---|---|---|---|---|---|---|---|---|---|
| 度 | C15 | C20 | C25 | C30 | C35 | C40 | C45 | C50 | C55 | C60 | C65 | C70 | C75 | C80 |
| $f_{ck}$ | 10.0 | 13.4 | 16.7 | 20.1 | 23.4 | 26.8 | 29.6 | 32.4 | 35.5 | 38.5 | 41.5 | 44.5 | 47.4 | 50.2 |
| $f_{tk}$ | 1.27 | 1.54 | 1.78 | 2.01 | 2.20 | 2.39 | 2.51 | 2.64 | 2.74 | 2.85 | 2.93 | 2.99 | 3.05 | 3.11 |

混凝土轴心抗压强度设计值 $f_c$、混凝土轴心抗拉 表 6.1.2
强度设计值 $f_t$（N/mm²）

| 强度 | 强度等级 | | | | | | | | | | | | | |
|---|---|---|---|---|---|---|---|---|---|---|---|---|---|---|
| 度 | C15 | C20 | C25 | C30 | C35 | C40 | C45 | C50 | C55 | C60 | C65 | C70 | C75 | C80 |
| $f_c$ | 7.2 | 9.6 | 11.9 | 14.3 | 16.7 | 19.1 | 21.1 | 23.1 | 25.3 | 27.5 | 29.7 | 31.8 | 33.8 | 35.9 |
| $f_t$ | 0.91 | 1.10 | 1.27 | 1.43 | 1.57 | 1.71 | 1.80 | 1.89 | 1.96 | 2.04 | 2.09 | 2.14 | 2.18 | 2.22 |

混凝土受压疲劳强度修正系数 $\gamma_\rho$、混凝土受拉疲劳强度 表 6.1.3
修正系数 $\gamma_\rho$

| $\rho_c^f$ | $0 \leqslant \rho_c^f < 0.1$ | $0.1 \leqslant \rho_c^f < 0.2$ | $0.2 \leqslant \rho_c^f < 0.3$ | $0.3 \leqslant \rho_c^f < 0.4$ | $0.4 \leqslant \rho_c^f < 0.5$ |
|---|---|---|---|---|---|
| 受压修正系数 $\gamma_\rho$ | 0.68 | 0.74 | 0.80 | 0.86 | 0.93 |
| 受拉修正系数 $\gamma_\rho$ | 0.63 | 0.66 | 0.69 | 0.72 | 0.74 |
| $\rho_c^f$ | $0.5 \leqslant \rho_c^f < 0.6$ | $0.6 \leqslant \rho_c^f < 0.7$ | $0.7 \leqslant \rho_c^f < 0.8$ | $\rho_c^f \geqslant 0.8$ | — |
| 受压修正系数 $\gamma_\rho$ | 1.0 | | | | — |
| 受拉修正系数 $\gamma_\rho$ | 0.76 | 0.80 | 0.90 | 1.00 | — |

注：1. 混凝土轴心抗压疲劳强度设计值 $f_c^f$、轴心抗拉疲劳强度设计值 $f_t^f$ 分别按相应的混凝土的强度设计值乘以疲劳强度修正系数 $\gamma_\rho$。

2. 混凝土承受拉-压疲劳应力作用时，疲劳强度修正系数 $\gamma_\rho$ 取为 0.6。

3. 疲劳应力比值计算：$\rho_c^f = \dfrac{\sigma_{c,min}^f}{\sigma_{c,max}^f}$，其中 $\sigma_{c,min}^f$、$\sigma_{c,max}^f$ 分别为构件疲劳验算时，截面同一纤维上混凝土的最小应力、最大应力。

## 6.2　混凝土弹性模量、疲劳变形模量、剪切变形模量、泊松比

混凝土弹性模量、变形模量、剪切模量　　　　表 6.2.1

| 混凝土强度等级 | C15 | C20 | C25 | C30 | C35 | C40 | C45 | C50 | C55 | C60 | C65 | C70 | C75 | C80 |
|---|---|---|---|---|---|---|---|---|---|---|---|---|---|---|
| $E_c$ | 2.20 | 2.55 | 2.80 | 3.00 | 3.15 | 3.25 | 3.35 | 3.45 | 3.55 | 3.60 | 3.65 | 3.70 | 3.75 | 3.80 |
| $E_c^f$ | — | — | — | 1.30 | 1.40 | 1.50 | 1.55 | 1.60 | 1.65 | 1.70 | 1.75 | 1.80 | 1.85 | 1.90 |
| $G_c$ | 0.88 | 1.02 | 1.12 | 1.20 | 1.26 | 1.30 | 1.34 | 1.38 | 1.42 | 1.44 | 1.46 | 1.48 | 1.50 | 1.52 |
| $\nu_c$ | 0.2 | | | | | | | | | | | | | |

## 6.3　混凝土热工参数

当温度在 0～100℃ 范围内时，混凝土热工参数可按下列规定取值：

线膨胀系数 $\alpha_c$：$1 \times 10^{-5}/℃$；

导热系数 $\lambda$：10.6kJ/(m·h·℃)；

比热容 $c$：0.96kJ/(kg·℃)。

## 6.4　钢筋强度

普通钢筋强度标准值（N/mm²）　　　　表 6.4.1

| 牌号 | 符号 | 公称直径 $d$（mm） | 屈服强度标准值 $f_{yk}$ | 极限强度标准值 $f_{stk}$ |
|---|---|---|---|---|
| HPB300 | Φ | 6～14 | 300 | 420 |
| HRB335 | Φ | 6～14 | 335 | 455 |
| HRB400<br>HRBF400<br>RRB400 | Φ<br>ΦF<br>ΦR | 6～50 | 400 | 540 |
| HRB500<br>HRBF500 | Φ<br>ΦF | 6～50 | 500 | 630 |

**预应力筋强度标准值（N/mm²）**　　　　　　　　表 6.4.2

| 种类 | | 符号 | 直径 | 屈服强度标准值 $f_{pyk}$ | 极限强度标准值 $f_{ptk}$ |
|---|---|---|---|---|---|
| 中强度预应力钢丝 | 光面螺旋肋 | $\phi^{PM}$ $\phi^{HM}$ | 5、7、9 | 620 | 800 |
| | | | | 780 | 970 |
| | | | | 980 | 1270 |
| 预应力螺纹钢筋 | 螺纹 | $\phi^{T}$ | 18、25、32、40、50 | 785 | 980 |
| | | | | 930 | 1080 |
| | | | | 1080 | 1230 |
| 钢绞线 | 1×3（三股） | $\phi^{S}$ | 8.6、10.8、12.9 | — | 1570 |
| | | | | — | 1860 |
| | | | | — | 1960 |
| | 1×7（七股） | | 9.5、12.7、15.2、17.8 | — | 1720 |
| | | | | — | 1860 |
| | | | | — | 1960 |
| | | | 21.6 | — | 1860 |
| 消除应力钢丝 | 光面螺旋肋 | $\phi^{P}$ $\phi^{H}$ | 5 | — | 1570 |
| | | | | — | 1860 |
| | | | 7 | — | 1570 |
| | | | 9 | — | 1470 |
| | | | | — | 1570 |

注：1. 极限强度标准值为 1960N/mm² 的钢绞线作后张预应力配筋时，应有可靠的工程经验。

2. 钢筋的强度标准值应具有不小于 95% 的保证率。

3. 当构件中配有不同种类的钢筋时，每种钢筋应采用各自的强度设计值。横向钢筋的抗拉强度设计值 $f_{yv}$ 应按表中 $f_y$ 的数值采用；当用作受剪、受扭、受冲切承载力计算时，其数值大于 360N/mm² 时应取 360N/mm²。

**普通钢筋强度设计值（N/mm²）**　　　　　　　　表 6.4.3

| 牌号 | $f_y$ | $f'_y$ |
|---|---|---|
| HPB300 | 270 | 270 |
| HRB335 | 300 | 300 |
| HRB400、HRBF400、RRB400 | 360 | 360 |
| HRB500、HRBF500 | 435 | 435 |

预应力筋强度设计值（N/mm²）    表 6.4.4

| 种类 | $f_{ptk}$ | $f_{py}$ | $f'_{py}$ |
|---|---|---|---|
| 中强度预应力钢丝 | 800 | 510 | 410 |
| | 970 | 650 | |
| | 1270 | 810 | |
| 消除应力钢丝 | 1470 | 1040 | 410 |
| | 1570 | 1110 | |
| | 1860 | 1320 | |
| 钢绞线 | 1570 | 1110 | 390 |
| | 1720 | 1220 | |
| | 1860 | 1320 | |
| | 1960 | 1390 | |
| 预应力螺纹钢筋 | 980 | 650 | 400 |
| | 1080 | 770 | |
| | 1230 | 900 | |

注：1. 当预应力筋的强度标准值不符合上表规定时，其强度设计值应进行相应的比例换算。

2. 当构件中配有不同种类的钢筋时，每种钢筋应采用各自的强度设计值。横向钢筋的抗拉强度设计值 $f_{yv}$ 应按表中 $f_y$ 的数值采用；当用作受剪、受扭、受冲切承载力计算时，其数值大于 360N/mm² 时应取 360N/mm²。

## 6.5 钢筋在最大力下的总伸长率限值

普通钢筋及预应力钢筋在最大力下的总伸长率    表 6.5.1

| 钢筋品种 | 普通钢筋 | | | 预应力筋 |
|---|---|---|---|---|
| | HPB300 | HRB335、HRB400、HRBF400 HRB500、HRBF500 | RRB400 | |
| $\delta_{gt}$（%） | 10.0 | 7.5 | 5.0 | 3.5 |

注：普通钢筋及预应力筋在最大力下的总伸长率 $\delta_{gt}$ 不应小于上表规定的数值。

## 6.6 钢筋弹性模量

钢筋的弹性模量（×10⁵N/mm²）    表 6.6.1

| 牌号或种类 | 弹性模量 $E_s$ |
|---|---|
| HPB300 | 2.10 |

| 牌号或种类 | 弹性模量 $E_s$ |
|---|---|
| HRB335、HRB400、HRB500<br>HRBF400、HRBF500、RRB400<br>预应力螺纹钢筋 | 2.00 |
| 消除应力钢丝、中强度预应力钢丝 | 2.05 |
| 钢绞线 | 1.95 |

注：必要时可采用实测的弹性模量。

## 6.7 钢筋疲劳应力幅限值

普通钢筋和预应力筋的疲劳应力幅限制 $\Delta f_y^f$ 和 $\Delta f_{py}^f$ 应根据钢筋疲劳应力比值 $\rho_s^f$、$\rho_p^f$，分别按表 6.7.1、表 6.7.2 线性内插取值；

普通钢筋疲劳应力比值 $\rho_s^f$ 应按下列公式计算：

$$\rho_s^f = \frac{\sigma_{s,min}^f}{\sigma_{s,max}^f} \tag{6.7.1}$$

式中：$\sigma_{s,min}^f$、$\sigma_{s,max}^f$——构件疲劳验算时，同一层钢筋的最小应力、最大应力。

**普通钢筋疲劳应力幅限值**（N/mm²） 表 6.7.1

| 疲劳应力比值 $\rho_s^f$ | 疲劳应力幅限值 $\Delta f_s^f$ | |
|---|---|---|
| | HRB335 | HRB400 |
| 0 | 175 | 175 |
| 0.1 | 162 | 162 |
| 0.2 | 154 | 156 |
| 0.3 | 144 | 149 |
| 0.4 | 131 | 137 |
| 0.5 | 115 | 123 |
| 0.6 | 97 | 106 |
| 0.7 | 77 | 85 |
| 0.8 | 54 | 60 |
| 0.9 | 28 | 31 |

注：当纵向受拉钢筋采用闪光接触对焊连接时，其接头处的钢筋疲劳应力幅限值应按表中数值乘以 0.8 取用。

预应力筋疲劳应力比值 $\rho_p^f$ 应按下列公式计算：

$$\rho_p^f = \frac{\sigma_{p,min}^f}{\sigma_{p,max}^f} \qquad (6.7.2)$$

式中：$\sigma_{p,min}^f$、$\sigma_{p,max}^f$——构件疲劳验算时，同一层预应力筋的最小应力、最大应力。

预应力筋疲劳应力幅限值（N/mm²）　　　　　表 6.7.2

| 疲劳应力比值 $\rho_p^f$ | 钢绞线 $f_{ptk}=1570$ | 消除应力钢丝 $f_{ptk}=1570$ |
|---|---|---|
| 0.7 | 144 | 240 |
| 0.8 | 118 | 168 |
| 0.9 | 70 | 88 |

注：1. 当 $\rho_p^f$ 不小于 0.9 时，可不作预应力筋疲劳验算；

2. 当有充分依据时，可对表中规定的疲劳应力幅限值作适当调整。

## 6.8 钢筋的公称直径、公称截面面积及理论重量

钢筋的公称直径、公称截面面积及理论重量　　　表 6.8.1

| 公称直径 （mm） | 不同根数钢筋的计算截面面积（mm²） | | | | | | | | | 单根钢筋 理论重量 （kg/m） |
|---|---|---|---|---|---|---|---|---|---|---|
| | 1 | 2 | 3 | 4 | 5 | 6 | 7 | 8 | 9 | |
| 6 | 28.3 | 57 | 85 | 113 | 142 | 170 | 198 | 226 | 255 | 0.222 |
| 8 | 50.3 | 101 | 151 | 201 | 252 | 302 | 352 | 402 | 453 | 0.395 |
| 10 | 78.5 | 157 | 236 | 314 | 393 | 471 | 550 | 628 | 707 | 0.617 |
| 12 | 113.1 | 226 | 339 | 452 | 565 | 678 | 791 | 904 | 1017 | 0.888 |
| 14 | 153.9 | 308 | 461 | 615 | 769 | 923 | 1077 | 1231 | 1385 | 1.21 |
| 16 | 201.1 | 402 | 603 | 804 | 1005 | 1206 | 1407 | 1608 | 1809 | 1.58 |
| 18 | 254.5 | 509 | 763 | 1017 | 1272 | 1527 | 1781 | 2036 | 2290 | 2.00 (2.11) |
| 20 | 314.2 | 628 | 942 | 1256 | 1570 | 1884 | 2199 | 2513 | 2827 | 2.47 |
| 22 | 380.1 | 760 | 1140 | 1520 | 1900 | 2281 | 2661 | 3041 | 3421 | 2.98 |
| 25 | 490.9 | 982 | 1473 | 1964 | 2454 | 2945 | 3436 | 3927 | 4418 | 3.85 (4.10) |

续表

| 公称直径 (mm) | 不同根数钢筋的计算截面面积 (mm²) | | | | | | | | | 单根钢筋理论重量 (kg/m) |
|---|---|---|---|---|---|---|---|---|---|---|
| | 1 | 2 | 3 | 4 | 5 | 6 | 7 | 8 | 9 | |
| 28 | 615.8 | 1232 | 1847 | 2463 | 3079 | 3695 | 4310 | 4926 | 5542 | 4.83 |
| 32 | 804.2 | 1609 | 2413 | 3217 | 4021 | 4826 | 5630 | 6434 | 7238 | 6.31 (6.65) |
| 36 | 1017.9 | 2036 | 2054 | 4072 | 5089 | 6107 | 7125 | 8143 | 9161 | 7.99 |
| 40 | 1256.6 | 2513 | 3770 | 5027 | 6283 | 7540 | 8796 | 10053 | 11310 | 9.87 (10.34) |
| 50 | 1963.5 | 3928 | 5892 | 7856 | 9820 | 11784 | 13748 | 15712 | 17676 | 15.42 (16.28) |

注：括号内为预应力螺纹钢筋的数值。

**钢绞线的公称直径、公称截面面积及理论重量**　　表 6.8.2

| 种类 | 公称直径 (mm) | 公称截面面积 (mm²) | 理论重量 (kg/m) |
|---|---|---|---|
| 1×3 | 8.6 | 37.7 | 0.296 |
| | 10.8 | 58.9 | 0.462 |
| | 12.9 | 84.8 | 0.666 |
| 1×7 标准型 | 9.5 | 54.8 | 0.430 |
| | 12.7 | 98.7 | 0.775 |
| | 15.2 | 140 | 1.101 |
| | 17.8 | 191 | 1.500 |
| | 21.6 | 285 | 2.237 |

**钢丝的公称直径、公称截面面积及理论重量**　　表 6.8.3

| 公称直径 (mm) | 公称截面面积 (mm²) | 理论重量 (kg/m) |
|---|---|---|
| 5.0 | 19.63 | 0.154 |
| 7.0 | 38.48 | 0.302 |
| 9.0 | 63.62 | 0.499 |